從詞窮到一字千金

爆款文案這樣寫

陳凡 著

找準定位 × 製造懸念 × 優化標題……

從零開始，寫出讓品牌瘋傳、業績爆增的銷售話術

樂律

◎不是賣產品，而是賣一種讓人無法拒絕的渴望！

◎不是詩詞藝術，而是讓人心甘情願掏錢的技術！

◎不是寫給自己的，而是讓讀者讀完還想要更多！

一個好文案，讓你的產品在消費者腦海中住一輩子

90%的文案都無人問津——本書教你成為那 10%

目錄

第三章

爆款必備：掌握了就事半功倍

第四章

實戰手記：七個步驟寫出有效文案

第五章

「轉化」才是商業世界真正不變的追求

第一章

覺醒：
從新手到大神文案的逆襲之路

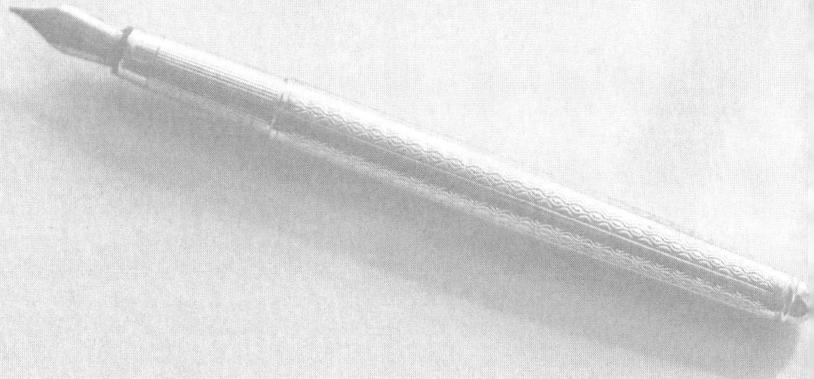

網路的快速發展，顛覆了過去的傳統媒介，改變了人們的閱讀習慣，改變了資訊的傳播方式及傳播媒介。

然而，不管網路的興起使人們的生活發生了怎樣翻天覆地的變化，人性始終沒有改變。人們依舊要透過看各式各樣的廣告文案來找到適合自己的產品。

所以，文案的本質並未因網路而改變，只不過由於傳播媒介的變化，文案的創作手法出現了一些新的特點。

01

入門篇 —— 文案是什麼

有人說，假如我們的生活中沒有了廣告，我們的世界將會失去許多色彩。的確，就連月球上都插上了登月國家的國旗，生存人口密集的地球上怎能少得了廣告？

開車外出，高速公路兩側印著企業 Logo 的巨大廣告牌一個接一個；走入商場，無處不在的 LED 顯示器輪番播放著各種產品的廣告；打開電腦或手機，廣告文案隨時都會跳出來……。

在現代社會，文案的重要性有增無減，無論是對電視廣告還是網路廣告來說，都是如此。為什麼？因為現在的消費者受教育程度更高，也更容易持懷疑態度。

在資訊爆炸的網路時代，消費者獲得商品資訊更簡便、更快速，貨比三家的購買法則已然難以滿足大家的需求。足不出戶，大家就能在網上把所有商品或品牌比較得清清楚楚，所以一味打價格戰顯然不是銷售的成功之道。

那除去商品本身和價格因素，還有什麼能影響消費者的購買欲望？答案就是 —— 廣告文案！

有人說：「點進你最喜歡的網站，拿掉光鮮的設計與科技，最後剩下的只有文字。這是在網路上做出區別的最後方法，也是最好的方式。」文案旨在提升銷售量，只有明確這一點，我們才能從一個只會玩弄文字技巧和語感的文案寫手，搖身一變成為一個真正的廣告人。

一、什麼是文案

我們先來看一個案例：

有一家牛排店，新開張，生意不佳。為了招攬人氣，老闆分別請人做了兩個廣告，第一個廣告文案是這樣寫的：

◎我們店有最棒的牛排，原材料全部進口，並專門聘請國際營養大師以最適合人體需求的比例烹調而成，你要不要來一個？

第二個文案是這樣的：

◎閉上眼睛，聽牛排在烤架上滋滋輕唱！讓舌尖帶你品嘗紐西蘭的味道！

第一個文案推出後，牛排價格沒漲，消費者多了些許，但效果不明顯；第二個文案推出後，消費者猛增，每天店門口排起了長長隊伍，牛排價格也水漲船高！

為什麼兩個不同的文案會帶來天壤之別的效果？因為讓消費者流口水的不是牛排本身，而是烤牛排時那滋滋作響的聲音！

簡單說，從表面上看，文案銷售的是產品，但實際上，文案銷售的是產品概念。

概念是什麼？它是一種創意、一種定位，是一種獨特的行銷策略，代表著「標新立異」、「與眾不同」的新想法。如果非要用一個詞來解釋的話，就是「改變」。

◎ 10 秒鐘洗好照片 —— 拍立得相機

不用苦苦等待照片的沖洗，就是拍立得的文案概念。

◎想想還是小的好 —— 福斯金龜車

在眾多體型龐大、空間寬敞的名車當中，金龜車小而精的概念頃刻而出。

什麼是文案？答案已經很明顯：讓銷售變得「無關緊要」，直接讓廣告帶來真金白銀。

在自媒體盛行的時代，粉絲和流量都可以用錢來購買，但從事自媒體經營的人都知道，迅速吸引粉絲或賺流量非常燒錢：100,000 個粉絲 100,000 塊錢，平均每人 1 元。如果會寫優秀的文案，可以用一篇文章獲得 100,000 個粉絲，那麼可能只需要花費一點點人工成本和時間，換算下來，成本要小很多。

生活中，我們看到的文案通常主要負責兩個任務：

第一，將抽象事物具體化

某公司推出的體重計，便使用了這一手法。

◎喝杯水都可感知的精準 —— 體重計

「馬甲線」、「A4 腰」風靡全國後，「體重計」也跟著火紅了起來。幾乎每家公司在販賣的時候，都強調自己的體重計「精準」。如何精準？喝杯水都可以感知到重量的變化，具體化的表達，直接表明了其產品的優勢。

第二，將具體事物抽象化

這種方式廣見於各種「高端又大氣」的廣告。汽車販賣時所採用的文案，大多如此。

◎去征服所有不服！

這句極為精簡的文字，運用於任何事物，都不會產生歧義。但就是這樣一個沒有實際指明的文案，卻能讓多數男性第一時間想到汽車，把產品作為男人身分地位的象徵，很容易勾起其購買欲。不提及產品，卻讓消費者第一時間聯想到產品，這就是成功。

無論是將抽象的事物具體化，還是將具體的事物抽象化，都要讓文案與產品完美結合，恰到好處地突顯產品特點，在不搶戲的情況下，還能讓文案「聲名遠播」。

讓文案與產品完美結合的結果，就是我們為之努力的目標。其實這點非常難把握，文案寫得太過，容易喧賓奪主，空有視覺享受，實際的銷售目的卻不明顯；文案寫得太隱晦，又不夠深入人心，自然難以帶來高銷量。

二、文案的本質到底是什麼

深入了解消費者的需求，永遠是寫文案的第一步。如果不能洞悉客戶的需求、焦慮和渴望，只會在文案中用蒼白的口號告訴別人「這款手機很好用」，可能帶動的銷售利益微乎其微。

如果告訴消費者「你需要的不僅僅是手機，而是可以改變世界的夢想」，再在內文中詳細寫明這款手機的賣點，記憶體夠大可以下載很多 APP、電池耐用可以省去充電煩惱、螢幕耐摔可以應對各種意外……。

這種基於了解產品之後對消費者內心的洞察，對品牌、產品、文案都至關重要。

如果寫出的文案能讓消費者對產品產生「一見傾心、非買不可」之感，就達到了我們所謂的好文案的標準，文案也會起到應有的作用。

文案要吸引人，要留住人，還要讓人看完之後說「嗯，不錯，這就是我想要的」、「太不可思議了，我心心念念的東西居然在這裡」……讓消費者在快樂中為自己的新發現買單。

三、文案的價值在哪裡

優秀的文案，或許在視覺上能讓我們過目不忘，或許在聲音上能讓我們擁有美的享受，但無論是哪一種，總是能讓我們產生一些不一樣的感覺。這些小小的「不一樣」，最終會促成購買行為，有的還能植入消費者精神層面，影響其價值觀。

有人說：「21 世紀沒有詩人，他們都藏在廣告公司裡寫文案。」品牌沿用多年的口號、傳遍大街小巷的廣告語、發至各大媒體的文章、網路流行的話題，幾乎都出自文案。

文案的價值，就是讓那些「其貌不揚」的產品，都展現出「閃閃動人」的一面；讓那些已揚名在外的產品，江湖地位得到鞏固或提升。說白了，就是增加產品的附加值，讓一瓶成本幾塊錢的礦泉水可以愉快地賣到 30 元，這就是文案的價值。比如左岸咖啡的文案：

◎下雨喝一下午咖啡

百般聊賴的午後，我獨自走在蒙帕納斯的街道上。突然下起雨來，隨手招了一輛計程車，滿頭白髮的司機問了三次「要去哪」我才回過神。「到……」沒有預期要去哪裡的我，一時也說不出目的地。司機從後照鏡中看著我說：「躲雨？」我笑著沒回答。

雨越下越大，司機將車停在咖啡館前要我下車，笑著說：「去喝杯咖啡吧！」然後揮手示意我不必掏錢了！來不及說謝謝，計程車已回到車隊中。走進冷清的咖啡館，四名侍者圍坐一桌閒聊著，看到我後立刻起身，異口同聲地說：「躲雨？」我笑著不知該如何回答。

午後一場意外的雨，讓我一下午見識了五個會「讀心術」的人，喝了一下午的咖啡。

左岸咖啡的廣告文案刺激消費者產生一種身臨其境的感覺，也正是這種刺激，讓左岸咖啡在廣告推出的第一年創造了 400 萬美元的業績。

文案人不是作家，卻要具備作家一樣細膩的筆觸。網路時代，對文案人的要求更高，要懂產品、懂經營、懂管理……因為樣樣都會才能更好地為產品服務，寫出優秀的文案，提高消費者與文案的黏著度。但文案人似乎普遍薪資不高，其實這是一個行業現象，任何處於行業基層的工作人員薪資都不會高，然而如果能寫出帶動產品銷量的好文案，那收入就很可觀了。比如某網路作家曾說，最早她的一篇文章幾百元，後來幾千元，再後來 100,000 元，靠的就是粉絲們強而有力的購買力。

四、文案可曾沉睡

在網路發展初期，許多搜尋機制被幾家大企業所掌握。於是文案「複製者」出現，他們複製和拼貼 A 處的內容，將其原封不動或稍修改後搬到 B 處，以至於整個網路內容出現了資訊重複、虛假、粗糙，讓人一度對網路上的資訊充滿鄙夷之色。

那時候，即便有好的文案，也很難勝出，所以那時候的文案的確處於沉睡期。但「分享時代」的來臨，使文案的地位發生了轉變。眾多新媒體平臺成為人們獲取資訊的主要途徑，人們不再依賴搜尋機制，更多的是基於社交分享和個人創作。這時候，一則原創的貼文可以上熱門，一則發自內心的心裡話可以被無數人轉發，新媒體的叢林法則帶動了文案的重新崛起。

隨著新媒體平臺的日益完善，每個人可能是一座資訊孤島，也可能是一個品牌代言者，只要一部手機，就可以與世界互聯，依託的正是社交群體的分享機制。

在這種形勢下，文案的生存法則也和以前大不相同。

我們面對的不再是廣泛的人群，而是定位更加精準的粉絲或訂閱者。他們可以與文案人透過點讚或評論的方式進行互動，監督產品或品牌，從而增加與產品之間的黏著度。

三流的文案人做「複製者」，二流的文案人做仿原創，一流的文案人做原創，「一直被模仿，從未被超越」。

現代社會，人類分工越來越細，媒體內容方面也一樣。聚焦一個點，垂直發展，專注深挖，才能寫出具有明確指向的傳播文案。

02

讓你的文案不再自說自話

在網路時代，很容易出現爆文，一篇好的文案能夠持續被社群媒體分享，能引導百萬流量和關注，形成的經濟收益不可小覷。

文案最終的呈現效果有兩種：一種是自嗨型，寫作者沉浸在自己寫的文案中不能自拔，而讀者卻不能理解；另一種是分享型，讀者迅速接納這則文案的內容，並樂意將其分享出去。

後者我們稱之為好文案！這種文案有一個特徵：說人話。什麼叫說人話？誇張點說，就是上至 80 歲的老奶奶，下至 1 歲的小寶寶都能聽懂的語言。比如，我們要形容《紅樓夢》中賈寶玉長得帥，原文是這樣的：

面若中秋之月，色如春曉之花，鬢若刀裁，眉如墨畫，面如桃瓣，目若秋波。雖怒時而若笑，即嗔視而有情。

變成說人話的文案之後，應該是這樣的：富二代，長得像韓國明星！

哪個更容易理解？原文中的那段描寫雖然唯美，但讀起來頗為繞口，且需要一定的文學功底才能完全理解。但我們的目標群體大部分是普通人，沒有那麼高的文學素養，所以用通俗的語言將產品描述出來，文案才會被更多人傳播。

什麼是好文案？很多人認為是「出其不意的好創意」、「一句蘊含深刻哲理的話」、「一篇辭藻唯美的文章」……不可否認，好的文案一定會有其獨特的閃光點，但殊途同歸，最終它們一定都是在說人話，讓人看得懂。

若自己看懂了，別人卻一頭霧水，這種文案只能給予「負評」；若別人看懂了，卻沒有擊中其痛點，這種文案只能給予「中評」；若能瞬間擊中消費者敏感的神經：「哦，這才是我要的！」這種文案，毫無疑問，點讚加好評。

所以，好文案的第一步，是把話說清楚。

◎走吧，我們一起去創造更大的世界。

要是不點進去看，光從字面理解，你知道這是一個理財網站的文案嗎？不知道！那就證明這不是一個優秀的文案。

對於消費者而言，文案是商業性質的，沒有人會花時間花精力想一個行銷文案表達的是什麼。所以，你的文案千萬不能讓消費者思考！

按照「說人話」的標準，我們可以改成這樣：

◎大哥，這裡有人告訴你怎麼發財！

語言平實，落在實處，改後的文案更容易被人理解，自然也會提高在社群媒體上被轉發的機率。

真正有趣的「人話」，往往不是中立的簡單描述，而是態度鮮明地支持或反對、引發好奇、提供有價值的資訊。我們需要做的，是想辦法提高文案的「內容價值」，讓文案變得「有內容」，能夠像一個有趣的人一樣透過聊天引發好奇、表達態度、提供資訊。

所以，好文案的第二步，是提高文案的內容價值，讓文案變得有趣。

某駕訓班要寫一句宣傳文案，此駕訓班的服務、規模均處於該城市駕訓班行業上層，應該怎麼寫？

依照好文案的第一步，說清楚想表達的意思，所以文案寫成了這樣：

◎還沒拿到駕照？還等什麼？快來 xx 駕訓班。

◎要學車，就來 xx 駕訓班。

◎ xx 駕訓班，您最好的學車夥伴。

這幾個文案更像一句宣傳語，好記好背，甚至讀著讀著，自己都會產生想要報名的衝動，但卻感染不了消費者。沒拿到駕照就一定要到這所駕訓班學車？這就和沒吃飯就一定要去指定的飯店吃飯一樣，毫無說服力。餓了不會找身邊最近的飯店嗎，為什麼一定要選廣告上的那家？

依照好文案的第二步，我們重新修改一下內容：

◎ xx 駕訓班，一間合格率 90% 的駕訓班！

◎白天上班，晚上學車，不耽誤賺錢！

◎ 20 年駕駛經驗的老司機帶你輕鬆拿駕照！

哦，原來這所駕訓班通過率高，學車不影響上班，教練都是老司機，這才是消費者一定要去這所駕訓班學車的理由。

如何寫優秀文案而不是自嗨文案，我們可以從以下三處著手提升自己的文案功力。

一、調整視角，站在使用者的立場上思考問題

所謂調整視角，就是找準產品定位。產品的賣點不同，目標受眾不同，所需的文案也各異。如果產品定位準確，再加一條有穿透力的文案，就可以讓你的產品在短時間內銷量暴增。

舉一個旅行箱廣告文案的例子：

◎打開這個旅行箱，它能帶給你不一樣的繽紛旅程。

這是什麼鬼？到底是旅行箱還是魔法箱？

定位找不準，用再華麗的辭藻也打動不了消費者的心。消費者最看重旅行箱的哪些方面？輕便、小巧、靈活與堅固。根據消費者的著眼點，我們可以把文案修改成這樣：

◎ 0. 5m^3 的體積，卻能裝 500 件寶貝，走 50, 000 公里路。

你看，是不是旅行箱小巧、堅固且能裝很多東西的特點一下就突顯出來了？

二、製造感覺，用文案讓消費者產生真實的感受

簡單點說，就是要直擊消費者內心深處的需求及痛點，營造一種必須要購買的氛圍。找到那個讓消費者痛苦的點，對症下藥，就可以很輕鬆地滿足其需求，實現產品的販賣。

比如 MINI COUNTRYMAN 的這句流傳甚廣的文案：

◎別說你爬過的山，只有早高峰。

相信在大城市打拚的上班族，提起車流量早高峰都有吐不完的槽，但這是 MINI 汽車文案的重點嗎？不是的，這則文案其實是為了突出汽車的爬坡效能，「早高峰」是為了碰觸到消費者的痛點，讓消費者聯想到早高峰的情景。如果直接寫成「此車爬山毫不費力」，大概沒幾個消費者願意買單，因為無感。

再講一個英語培訓機構的文案：

◎曾經有一份月薪 150,000 的工作擺在你面前，但你不會英語，只好扼腕嘆息。

是不是內心有點懊惱？是不是覺得「早知道學好英語能拿這麼高的薪水，當初就不應該在英語課上大睡特睡」？如果你也產生了類似的感覺，那說明這則文案是成功的，因為它讓你產生了真實的感受。

如果直接寫成「好好學英語，將來可以找個高薪工作」，消費者可能會一眼掠過，內心沒有絲毫波瀾。

三、昇華感受，讓你的文案帶點情緒

◎從未年輕過的人，一定無法體會這個世界的偏見。我們被世俗拆散，也要為愛情勇往直前；

我們被房價羞辱，也要讓簡陋的現實變得溫暖；

我們被權威漠視，也要為自己的天分保持驕傲；

我們被平庸折磨，也要開始說走就走的冒險。

所謂的光輝歲月，並不是後來閃耀的日子，

而是無人問津時，你對夢想的偏執！

你是否有勇氣，對自己忠誠到底？

你只聞到我的香水，卻沒看到我的汗水；

你有你的規則，我有我的選擇；

你否定我的現在，我決定我的將來；

你嘲笑我一無所有，不配去愛，我可憐你總是等待；

你可以輕視我們的年輕，我們會證明這是誰的時代。

夢想，是注定孤獨的旅行，路上少不了質疑和嘲笑，但，那又怎樣？

哪怕遍體鱗傷，也要活得漂亮。

該品牌的文案很勵志，希望用汗水、夢想等東西去打動人心。從廣告的流程來說，這篇廣告業配文通篇在談該品牌創辦人創業理想，直到最後才出現該品牌名字，不利於消費者了解和認知品牌。但這則明顯帶點情緒的文案，將創辦人與品牌名字合而為一，讓消費者記住創辦人的同時也記住了該品牌名字。

某徵信機構採用了這種壓鍵盤式的廣告文案：

◎買房找找找找找找找找找找什麼仲介！

◎租房付付付付付付付付付付什麼押金！

◎旅遊帶帶帶帶帶帶帶帶帶帶什麼簽證！

◎去醫院排排排排排排排排排什麼隊！

◎對騙子說說說說說說說說說說什麼大實話！

在人潮湧動的公共區域中，該機構這個廣告不怕被人擋到，走出去一段距離依然能看明白。每一句文案都直擊消費者內心：辦簽證麻煩得要死、醫院永遠人滿為患⋯⋯這些都讓消費者感到頭大，如果有個人或機構能將這些問題全部解決，大家當然會欣然接受。

由此可見，一則好的、能讓消費者看得懂，並且願意為之傳播的文案，一定是能洞察消費者內心的，因為那是基於對人性的了解、對事物的觀察思考以及對經驗的大量總結。

03

進階篇 —— 洞察才能出神文案

很多人一說起廣告行銷，第一反應就是「騙子」、「騙人的」、「電信詐騙」。一說起文案，很多人下意識地認為：「不就是寫幾個字嗎，誰不會呢？」

但舉世聞名的廣告教父大衛．奧格威（David Ogilvy）這樣說：「廣告不是藝術，做廣告是為了銷售產品，否則就不是做廣告。廣告不是撫慰，不是純粹美術，不是文學，不要自我陶醉，不要熱衷於獎賞，推銷是真刀真槍的工作。」所以你看，真正的廣告行銷不是騙子，而是以銷售產品為目的的技術方法。

廣告行銷文案，則是以大眾理解的文字形式表現出的廣告創意。因此，我們可以說，文案兼具了廣告的部分屬性和功能，但廣告的載體形式很多，所以並不能簡單粗暴地將其等同於文案。

文案無所不在，無孔不入，電視廣告文案、網路廣告文案、產品文案，甚至店鋪的名字也是文案……只要是有經濟活動的地方就有行銷文案。

那麼，什麼是行銷文案？舉例說明：

◎去屑實力派，當然海倫仙度絲 —— 海倫仙度絲洗髮精不難發現，這種類型的廣告都有一個共同點，就是廣告文案中都包含了品牌名或產品名。

再舉例說明：

◎空氣比空間更清新，風情比風景更動人，心境比環境更沉醉，不管你在哪，別趕路，去感受路。

這是富豪汽車（Volvo Cars）2015 新款 XC60 的文案。文案中沒有一個字寫品牌名或產品名，但大家還是記住了文案的最後一句話，並將其廣泛傳播。為什麼？僅僅是因為這些廣告每天在我們耳邊輪番轟炸嗎？不全是。對於廣告文案而言，持久的廣告轟炸是必需的，否則，無法強化嵌入消費者的腦中。但歸根結柢，能讓人讀起來朗朗上口，並願意為之傳播，才是最重要的！

寫出一個朗朗上口並深入人心的文案，在於洞察，在於策略。

◎不想衰老，記得防晒。連防晒霜都沒有，怎麼好意思出去浪

年輕人作為一個龐大的消費族群，樂於購物，卻又懶於購物。這時候，只有能夠擊中年輕人心理的文案，才能激發他們的購買欲望。這個廣告幽默詼諧，擊中年輕人愛美、「好面子」的心理，反問的語氣，沒有了直接行銷的壓迫感，反而增加了許多逗趣在裡面。

一則好的文案，能讓廣告的效果更好。

在這樣一個分享傳播的年代，我們每個人對廣告的黏著度都在降低，因為大家接收的東西太多，所以，想要讓消費者記住和分享，文案越簡潔越好。不要試圖向消費者講清楚為什麼會這樣、怎麼做才有了現在的結果，對消費者而言，只需要告訴他結果就好了，其他的稍後再談，至於稍後有沒有期限，得看文案對他的吸引力。

好的文案能擊中消費者的心理，挑起消費者的購買欲望，讓廣告的效果事半功倍。所謂廣告，其實不過是為消費者營造一種期望值，告訴他們買這個產品會實現什麼樣的目的。

所以，廣告是資訊的媒介，而不是某種藝術的形式。如果將廣告打造得繞口、花哨、譁眾取寵，並且喋喋不休地教授所謂的知識，只會讓人反感。

04

必須知道的三種消費者訴求

人的行為總是受到一定動機的支配，消費行為也不例外。行銷專家艾爾．強森認為，消費者之所以喜歡某款產品，是因為他相信這款產品會為他帶來比同類產品更大的價值。也就是說，該產品具有更大的潛在價值，而這些潛在價值也恰恰是消費者的隱性訴求。

通常來說，消費者的隱性訴求主要有三種：感性訴求、理性訴求和觀念訴求。

一、感性訴求

感性訴求是指消費者因情感受到刺激而產生消費行為的訴求。比如福斯桑塔納 2000 型轎車曾經出過這樣一則廣告文案：

◎並非所有的人都能贏得這樣的熱烈歡呼！

在這個世界上，這樣的人並不多，他們出類拔萃，他們以自己超凡的智慧、驚天動地的創造力和脫俗的品味與個性，贏得了萬千熱烈的歡呼和狂熱的尾隨。幾天內，它就要出現在你的面前，如果你有足夠的耐心去等待，它的出現將大大出乎你的任何預期的想像。但是，有一點是毋庸置疑的，那就是它和它的擁有者將贏得萬眾歡呼的無上榮耀。

這款文案挑起了人們對成就感、自豪感、榮耀感等情感的訴求，繼而讓人感到滿足。

再來看統一企業的形象廣告〈母親節篇〉：

◎只要真心付出，就是最大的快樂！

用媽媽的愛和關懷，連結屋簷下的每一顆心，愛自己的家，也愛天空下的每一個家，讓媽媽的笑容更加燦爛！統一企業提醒您，真心付出，把愛分享！

有人曾調侃說，現在每逢父親節、母親節，網路上就會出現一批孝子。的確，因為上學、工作、成家等原因，很多年輕人不能在父母身邊常住，為了彌補對父母的虧欠，到了有關父母的節日，就會在網路上表達情感。這篇文案正是利用人們樂於分享母親節的心理，巧妙地將消費者內心的願望表達了出來。

二、理性訴求

理性訴求是指消費者需要經過深思熟慮才能決定購買商品或服務的訴求，如高檔耐用品、工業品、各種無形服務等。滿足消費者的理性訴求，需要透過講理的方式介紹產品的特徵，分析產品的獨到之處。

比如山葉牌鋼琴的文案：

◎這是哪一廠家製造的鋼琴？

這句話讓山葉牌鋼琴成為了世界上品質最好、銷量最多的鋼琴！

這個文案設計的場景是這樣的：

1957 年在美國芝加哥舉辦的世界樂器大展中，主辦單位安排了一場壓軸好戲。他們特聘了一位叫史坦威的盲人鋼琴師，讓他現場選一款音質最優美的鋼琴作為送給他的禮物。

在名琴林立的展覽會中，這位盲人鋼琴師認真地試過一架又一架鋼琴，卻都沒有停留。然而，試過山葉牌鋼琴後，他無比興奮和驚訝地問周圍的工作人員：「這是哪一廠家製造的鋼琴？我等的就是它！」

於是，山葉牌鋼琴在世界上的地位瞬間改變了：1959 年美國洛杉磯教育委員會購買了 50 架山葉牌鋼琴；1964 年美國密西根大學也購買了 30 架山葉牌鋼琴。這兩個單位都以選琴嚴苛著稱於世。現在，山葉牌鋼琴更是暢銷全世界，深受消費者歡迎。

如果用感性訴求來寫山葉牌鋼琴的文案，就算寫得天花亂墜、驚天地泣鬼神，或許也很難使其在眾多名琴中脫穎而出。因為購買鋼琴的消費者大多是普通消費者，不是鋼琴師，他們很難區分不同品牌的鋼琴的差別，幾乎只能透過「一見鍾情」的方式來選琴。

就在消費者猶豫不決，有點選擇性障礙症時，出現了一位盲人鋼琴師，他看不見任何一架鋼琴的品牌，因此不會有先入為主的偏見，不會認為名琴就一定優良。而主辦方承諾要送給他一架鋼琴，品牌任由他挑選，所以不存在幕後交易。這種完全憑耳朵、憑音質來定優劣的方式，極其科學、嚴格和理性，用不容置疑的事實巧妙地說服了消費者。

人們見盲人鋼琴師對這架鋼琴由衷讚嘆，自然會理性戰勝感性，選一架具有權威性的鋼琴，而不是一架看著順眼的鋼琴。

三、觀念訴求

所謂觀念訴求，就是消費者腦海中習以為常的舊觀念需要更新或改變的訴求。廣告文案應在這種破與立的過程中，自然而然地將商品推銷給消費者。

◎去屑，就用海倫仙度絲！

◎餓了就吃士力架！

這些廣告都有非常清晰的定位，讓消費者迅速建立起觀念訴求！

我們一旦陷入某種情境中，就會下意識地想起這些產品，每當選購商品時，這些品牌就會自動冒出來，和我們腦海中的觀念進行共鳴，這就是觀念訴求與品牌定位的神奇力量！

了解消費者的情感訴求和理性訴求後，接下來就是為產品定位，讓產品具備某種獨特的屬性，且這種屬性會在消費者腦海中自動存檔，建立某種概念。

定位理論是 1969 年由美國著名行銷專家傑克·特魯特 (Jack Trout) 提出的，是指如何讓你的品牌在潛在客戶的心中與眾不同。特魯特曾說：「任何人都能運用『定位』在人生遊戲中領先一步。如果你不懂，或不會使用這一原理，無疑會把機會讓給你的競爭者！」

我們處在一個過度傳播和產品爆炸的時代：走進超市，我們可以毫不費力地找到不下 10 種口香糖、20 多種洗髮精；走進一家購物中心，光餐飲店就有幾十家；買一件衣服，同款、仿款、山寨款層出不窮……那麼多資訊，那麼多廣告，我們能記住幾個？

哈佛大學心理學家喬治·阿米蒂奇·米勒 (George Armitage Miller) 認為，普通人的心智不能同時處理 7 個以上的單位。也就是說，單位時間內，消費者最多只能記住 7 種產品或品牌。

但是特魯特認為，「在每個品類中，最終只會剩下兩個品牌主導整個品類。比如可口可樂和百事可樂，麥當勞和肯德基，上帝和魔鬼。」

所以，在這個廣告無孔不入的年代，誰能在使用者心中建立觀念訴求，誰就能把競爭對手擋在外面，「爭做第一，甩開第二！」

被譽為「現代行銷學之父」，任美國西北大學凱洛格管理學院終身教授的菲利普．科特勒（Philip Kotler）把大眾的消費行為分為三個階段：

第一階段，量的消費階段。這一階段商品短缺，人們通常會追求量的滿足。

第二階段，質的消費階段。這一階段商品數量猛增，人們開始在眾多產品中追求高品質。

第三階段，情感的消費階段。這一階段同質化產品較多，不同品牌的商品在品質、效能等方面已難分高下，消費者不再追求品質或數量，而是追求情感上的滿足或自我形象的展示。

因為先輩們的努力，我們這一代已不用再經歷第一階段的殘酷和痛苦，正處於從第二階段邁向第三階段的時刻，所以文案寫作者要轉變思路，將商品從單純的概念販賣，轉變為滿足消費者內心深處的訴求，比如個性化商品、私人訂製等。

在滿足消費者內心的訴求時，文案寫作者既可以從某一種訴求出發，也可以將情感訴求、理性訴求、觀念訴求三者相結合，從而創作出觸動人心的文案。

05

高階篇 —— 好文案，一句話就夠了

查爾斯·狄更斯（Charles Dickens）的《雙城記》（A Tale of Two Cities）的開篇，一直被奉為經典：「這是最好的時代，也是最壞的時代。」用於文案寫作，也未為不可。

的確，網路的興起與快速發展，顛覆了很多傳統企業的生存方式，逼著習慣於傳統生活方式的我們必須做出改變，適者生存，好像很公平，卻又強勢得沒有道理。

文案作為行銷媒介與交易管道的一部分，自然也會隨著網路的發展而變化。

那麼問題來了，傳統文案的寫作對網路還有效嗎？在日新月異的網路世界裡，還需要文案這一工作嗎？答案毋庸置疑，網路時代，文案不可或缺！

網路的快速發展，顛覆了過去的傳統媒介，它改變了人們的閱讀習慣，改變了資訊的傳播方法及傳播媒介……然而不管網路的興起使人們的生活發生了怎樣翻天覆地的變化，人性始終沒有改變。

簡單點說，就是人們的本質需求沒有改變。

人們依舊要從各式各樣的文案中找最適合自己的產品，並不會因為是網路上的文案而拒絕消費。所以，文案的本質並未

因網路而改變，只不過由於傳播媒介的變化，文案的創作手法出現了一些新的特點。

那麼，網路到底改變了文案的哪些「性情」？

一、文字更精簡

網路時代，人們擁有更多的碎片時間，而不是大塊的連續時間，這導致我們的專注力降低。我們越來越熱衷於短閱讀、短影片，而對篇章過於冗長的著作興趣降低。

注意這裡說的，是閱讀興趣降低，而不是消失！

因此這裡並不是說長文案毫無價值，更不表示現在的人都不閱讀了，而是說要剔除各種無用的、繁雜的細枝末節，留下乾淨俐落、精簡專注的有效資訊。正如日本廣告界殿堂級大師川上徹所說「好文案一句話就夠了」。比如：

◎把 1,000 首歌裝到口袋裡 —— 蘋果 MP3iPod

二、呈現更快速

在紙媒體時代，文案從製作到進入消費者視線，要經過很長的時間。有時候想要搭上某些熱門事件的熱點順風車，卻往往找不到最佳的時間點，資訊往往滯後。

到網路時代就不一樣了，它讓文案的呈現變得更快捷、更迅速。舉例如下：

某健身會所A打出一個廣告：

◎我離美人魚的距離，只差一個人魚線。

健身會所B迅速跟著做出反應：

◎都說紅顏薄命，一次仰臥就是一次重生。

C健身會所也來湊熱鬧：

◎時間就是金錢，健身可以賺錢，每天可省去若干P圖時間。

放在以前，如果某個品牌打出廣告，另一品牌想要跟上，至少需要隔幾個小時或幾天，但網路時代就只需要幾秒鐘，在別人文案下留言或提出新的話題，都是可以快速達成的。

三、內容更具指向性

在這個快節奏的時代，每個人都很忙，用來購物的時間很少。同時，大家在網路上沉浸了這麼久，都知道如何避開浮誇的宣傳，而選擇具有知識內容的文案。

正如耶魯大學圖書館館員盧塞．佛羅傑斯所說：「我們的資訊氾濫，知識卻貧乏。」這表示你得挖空心思讓你的文案與消費者密切相關、了解消費者關心的是什麼，然後將他們的需求、渴望、期盼或擔憂表現在廣告中。比如：

◎長得漂亮是本錢，把錢花得漂亮是本事 —— 全聯超市

◎在世界範圍內的交流，只有音樂和巧克力不受語言的限制 —— 日本樂口巧克力糖

四、網路時代對文案人的要求更高

文案這個行業，沒有誰一開始就有豐富的經驗，也沒有誰一開始就有絕對的權威。但隨著網路的發展，我們不僅要知道營運的程式、知道各類平臺的推薦機制，還要懂別人說的 UI、AI、疊代、SEO，否則只能乾瞪眼，而在乾瞪眼的情況下，是寫不出精采的文案的。

由此可見，文案其實是一個很大的課題，你可能要了解市場、了解消費者、了解歷史、了解地理、了解民俗……然後，你還得會用美妙的方式將其講述出來。如果只是知道，卻口笨舌拙，好比茶壺裡煮餃子 —— 有貨倒不出，也不可能成為一個優秀的文案人。

所以，文案人除了思想和觀念要不斷發展更新，在寫作技巧上也要不斷下功夫。

06
經典文案怎麼一句話打動消費者

一個明確的主題，一篇沒有廢話的正文，是文案的「骨骼」。在文案中融入感情、洞察需求，一遍寫出來，改動N遍，這個抽絲剝繭的過程，就是優秀文案的孕育過程。

總結起來，大多數超級經典的文案，都是從以下四個句式類型演變而來的。

一、挖掘細節

◎我們只做大自然的搬運工 —— 飲用水企業

該企業沒有強調自己的水是最好的，而是透過告訴大家「每一瓶水都是在水源地灌裝的，自己只是大自然的搬運工」這樣一個細節，突出了天然品質。

如果你想證明某個產品或品牌的好，那麼挖掘它的真實細節是重中之重。

◎力臻精準，源自 1865 —— 真力時

真力時手錶沒有刻意誇大自己的品質，而是抓住鐘錶最本質的作用，從時間的精準性入手，再連結品牌自身悠久的歷史，突出了真力時的品質非凡。

好文案不是結論，而是事實。事實，遠勝浮誇的結論。

二、類比常識

◎透心涼，心飛揚 —— 雪碧

雪碧的這句廣告詞，沒有用乾巴巴的語句來形容雪碧的滋味，而是將喝雪碧的感受類比為涼水澆在身上的那種舒爽 —— 透心涼，以此來突出其止渴解暑的賣點。

除了產品感受可以類比常識外，產品本身也可以。

◎德芙，縱享絲滑 —— 德芙巧克力

很多時候，消費者在購買某一產品前並不了解此產品。這時候，產品資訊常識化就顯得非常重要。運用類比的手法，用熟悉的事物去類比陌生的產品，不僅能讓消費者快速了解產品，還能讓消費者對產品或品牌產生熟悉感和認同感。

◎一支香菸換一張面膜，他健康她美麗，這才是郎才女貌！

◎你認為便宜的 xx，除了價格便宜，沒有半點好；你認為昂貴的 xx，除了價格貴點，沒有半點不好！

這種類比隨處可見，將 A 事物與 B 事物類比，二者的區別顯而易見，也更有助於在消費者心中樹立直觀的品牌概念。

三、以退為進

以退為進，既可以藉助產品的優勢，也可以藉助其缺陷。比如福斯汽車金龜車的文案：

◎它很醜，但它能帶你到想去的地方 —— 福斯金龜車

大部分文案會寫產品優勢，而金龜車的文案卻反其道而行，在說出產品優勢前，先告訴消費者它的缺陷，不僅更真實，而且降低了使用者對產品優勢的懷疑，讓人更信服。

除了產品的優勢和缺陷外，還可以藉助使用者的情感進行以退為進。

來看下面這則文案：

◎我害怕閱讀的人

我害怕閱讀的人。我祈禱他們永遠不知道我的不安，免得他們會更輕易擊垮我，甚至連打敗我的意願都沒有……我害怕閱讀的人，他們知道「無知」在小孩身上才可愛，而我已經是一個成年的人。我害怕閱讀的人，因為大家都喜歡有智慧的人。我害怕閱讀的人，他們能避免我要經歷的失敗。我害怕閱讀的人，他們懂得生命太短，人總是聰明得太遲。我害怕閱讀的人，他們的一小時，就是我的一生。

我害怕閱讀的人，尤其是，還在閱讀的人。

這是在臺奧美廣告公司早年為天下文化出版公司 25 週年慶典活動創作的文案，獲得了業界著名的創意大獎。這篇長文案貌似在談「害怕」，實則在談敬佩、鼓勵，是希望更多人成為閱讀的人。同時，這篇美文也暴露了廣告業的一個祕密 —— 與其兜售價值，不如兜售恐懼。

四、調侃式廣告

在這個娛樂為王的時代，風趣幽默的文風更易俘獲人心。網路上流行的笑話，比如「以後的路你自己走，我叫車」，稍加改動，就能變成一篇優秀的文案，不信你看。

◎以後的路你自己走，我要叫 xx 叫車！

這種調侃式的段子文案，在近幾年的使用率非常高。詼諧的語言配上熟悉的場景，下句畫風突變，總能讓人會心一笑，記住文案，並且自願傳播。

◎你知道，就算大雨讓這座城市顛倒，我也會準時送到！（某美食外送文案）

歌詞也躺槍，忍住，別唱！這篇文案改編自流行歌曲〈小情歌〉當中的一句歌詞——「我知道，就算大雨讓這座城市顛倒，我會給你擁抱」，瞬間讓消費者記住了產品和品牌。

好文案不一定非要高雅文藝，也不一定非要是大白話，最重要的是讓人看得懂，要與產品掛鉤，能在特定場景將產品的特性展現得淋漓盡致。如果你拿捏不好文案的尺度，不妨參照以上四招來練習，熟能生巧，掌握技巧之後，寫文案自然能手到擒來。

第二章

第一基本功：
標題、標題，還是標題

在眼球經濟時代，一個標題幾乎就是一段故事。因此，能否順利帶消費者走入故事，標題尤為重要。

這就好比我們約見陌生人，往往 3 秒鐘從上至下的掃描，就會初步形成對對方的「第一印象」，繼而快速決定自己是否需要和這位陌生人深交。而文案的標題，就是我們與產品見面的「第一印象」。

01
為什麼標題有流量，卻沒有收益

社群媒體、網站專題、H5 專題、推廣影片、SEO 網頁等，都是影響轉化率的重要因素。而每 10 個人裡面有 8 個人會選擇先閱讀標題，然後才考慮要不要閱讀內文。所以標題的重要性就如同人的外表，長得好的確會有巨大的優勢。

身為文案人，應該把一半時間花在如何寫一個誘人的標題上，因為標題決定了文章的點閱率。可是，如何寫文案標題，才不會讓人覺得你等級低，一看就知道你在做廣告？

〈我準備了 100 張免費機票和 10 萬次逃離：4 小時後又逃離大都市〉，看到這個標題，你第一反應是什麼？

是不是覺得很有趣？是不是覺得某個大咖錢多得發慌，發起了一次免費的活動？不管是什麼，總之免費！那就點進去看看吧。

許多人可能會說：「這種標題我們也會寫呀，只是我們沒成功而已。」想想看，你為什麼沒成功？因為你沒有做到「捲入」核心客戶。

加拿大著名傳播學家馬素．麥克魯漢（Marshall McLuhan）曾提出一種「捲入」機制：「正是來自世界各地的新聞和圖片組成的普普通通的資訊流，重組了我們的精神生活和情感生活，無論我們是抱著抗拒還是接受的態度。」當我們被捲入這些資訊流中時，大多數人抗拒便代表這些資訊不被認同和傳閱；而當大多數人接受時，則表示這些資訊已然被接納並傳播。

「逃離大都市」的活動，成功地將人捲入進去。

首先，大都市的房價之高眾所周知，在這些都市裡的人生活壓力之大也天下皆曉，所以當有機會零成本逃離此地，自然會吸引許多有理想主義情懷的人去參與。

其次，這個活動真正激發了全民積極性，從拔腿就走的，到社群媒體轉發的，再到群裡討論的，再到圍觀直播寫評論的，任何人都能參與，而且人們以參與為「榮」，所以這樣一場活動，不可能不火紅。

最後，這場活動真的免費。但理智的人都知道，活動開銷其實是由各大品牌商買單了。然而，作為消費者，不用自掏腰包還能滿世界逛遊，這機會不是天天有，更不是人人有，管你誰掏錢，只管自己玩好就行。主辦方將購票、規劃路線、選定飯店等細節全部搞定，參與者只要全程出行即可，這種省心省力的旅遊，自然好評如潮。況且依照吃人嘴軟，拿人手短的理論來看，因為不用付錢，就算有些不如意，誰又好意思給負評！

所以，這場活動的爆炸性影響就出來了，就這麼一個標題，成功讓數百萬粉絲點進去看。

雖然明知道這就是一場精心策劃的行銷活動，而且主辦方肯定「有所圖謀」，但作為普通參與者卻一點也不感到反感，大家絲毫不覺得這些廣告煩人，反而心中隱隱期待這種活動每天來一波！

最後，該帳號與奧迪汽車、叫車公司、蘭蔻化妝品、音樂平臺等贊助商賺得盆滿缽滿，其中蘭蔻賺得最多。因為蘭蔻專門設計了一款價值千元的「逃離包」，將年輕人的旅遊與逃離相結合，贈送給第一批趕到機場取票的人。「逃離包」內裝著蘭蔻空氣感防護乳，讓逃離者瞬間覺得國際化、高端又大氣，然後各種得意、各種分享，低成本裂變式傳播為國際化妝品品牌蘭蔻做了宣傳。

看了以上案例，有人提出一個疑問，是不是完美的標題一定要隱晦，將要販賣的產品換一種方式說出來呢？答案我先不說，先看下一個案例。

這個案例是某 P2P 金融理財平臺的兩個文案小編為同一款產品分別寫的業配文的標題：「一個青年的奮鬥史」和「如何分辨 P2P 平臺是否有保障」。乍一看，第一篇的標題很隱晦，貌似在講一個人的發家史；第二篇的標題一看就是在解決某些疑難雜症，類似專業文。從標題就可窺見內容，所以這兩篇文案也帶來了截然不同的效果。

第一篇業配文閱讀人數「10 萬＋」，收益 0 元；第二篇業配文閱讀人數「5,000 ＋」，收益 10 萬元。

原因何在？因為標題！

第一篇業配文從個人分享角度來寫，以故事為主線，將血淚史寫得如歌如泣，讀者看得也酣暢淋漓。忽然，畫風一轉，來了個 P2P 平臺的廣告連結。讀者的反應是這樣的：原來是個「業配」！沒想到看了半天是個廣告，騙了我的情感！讀者感覺自己上當受騙了，瞬間產生反感情緒，不要說那個連結了，就連那篇文案的後半截猜想都不願意讀了。

而第二篇業配文，一開始就精準地鎖定了自己的目標客戶。這篇文章就是為有 P2P 疑問的人而寫的，對 P2P 不關心的人可直接繞過。點開看的人，都希望這篇文章能切實地幫自己解決一個痛點問題：怎麼分辨 P2P 平臺是否有保障？

縱使讀者一開始就知道這是篇產品業配文，但因為它沒有藏著隱瞞著讓讀者讀到最後才發現「原來是篇業配」，所以讀者一開始的心裡期待反而不高。慢慢地，在閱讀過程中，發現這篇業配的確解決了自己迫在眉睫的問題，所以更不會產生上當感、不平感，反而覺得文章言之有理。

由此可見，想要寫出完美的標題，還需學會精準地抓住目標客戶、合理地開誠布公，讓使用者一開始就知道這可能是篇業配，可還是有興趣完完整整地看完，並將它傳播出去！

那如何寫出完美且不遭人厭的廣告文案標題呢？不妨從 4U 法則入手。

一、Urgent（急迫感）

即在標題中加入時間元素，塑造迫在眉睫的緊張感，給予讀者一個立即採取行動的理由。

◎案例一

原標題：年輕人，就是要玩得瘋一點！

修改後：再不瘋玩，我們就老了！

原標題類似口號，空喊讓年輕人瘋玩，卻缺乏真正讓年輕人去玩的動力。而修改後的標題，在時間上給予年輕人很強的緊迫感：時間過得很快，轉眼就會老去，要趁著年輕趕緊玩夠本。這也符合當代社會的一個生存現狀，所以修改後的標題更能抓住消費者的心。

◎案例二

原標題：錢存銀行，不如買房！

修改後：今天不買房，明天淚兩行！

原標題強調了用錢投資房產比將錢放在銀行收益更大，結合目前社會的環境，確實是這樣。但是買房畢竟需要一大筆錢，並不是所有人買房都是為了投資，更多的人是剛需，剛需消費者常常因為手中資金的問題，或者房價的動盪而遲疑猶豫，因此原標題的效果並不是很理想。修改後的標題，以今天不買房，明天房價又漲了，營造出買房的急迫感，促使消費者停止猶豫，立即行動，是一種比較有效的標題。

二、Unique（獨特性）

標題的獨特性並不是要讓標題顯得多麼另類，而是要透過全新的方式演繹舊的事物，標新立異的同時還不落俗套。

◎案例一

原標題：xx 韓國沐浴套裝，9 折優惠！

修改後：為什麼韓國女性的皮膚都吹彈可破？

打折的產品價格雖優惠，但不及變美那麼有誘惑力。要知道女性對美的追求，猶如人類對光明的追求，所以，將能讓人變美的因素搬到檯面上講，任何時候都比直接打折更能占據消費者的心。

◎案例二

原標題：學點禮儀，商務談判更輕鬆！

修改後：你的禮儀價值百萬！

這是 ×× 禮儀培訓學校的招生文案。學點禮儀不僅能讓自己更優雅，還能讓周圍的合作者如沐春風。這個道理誰都懂，但如何實施？去 ×× 禮儀培訓學校就對了，因為它能為我們帶來百萬利潤，誰不心動呢！

三、Ultra-Specific（明確具體）

即特定的環境中，文案的每個字都準確無誤，不能讓消費者產生歧義。

原標題：xx 海洋館套票 1,000 元／人，3 人團購享 8 折優惠！

修改後：xx 海洋館通票開團，1,000 元玩嗨全場！

這是 ×× 海洋館的團購文案，原標題中用的是套票，意思就是只能玩一部分項目，還有若干新開發的項目需要另行購票。而修改後的標題是通票，全館任意項目都可隨意玩。想想因為原標題而湊團的遊客，在遊玩途中又被要求購買其他項目門票，會不會有上當受騙之感，繼而降低對景點的好感度？

四、Useful（實際益處）

顧名思義，就是從實操性角度出發，為消費者提供實際上的幫助。

原標題：懷孕了該不該做家務？

修改後：懷孕 6 個月，彎腰不方便，家務事怎麼辦？

這是一款掃地機器人的文案。原標題的點選率也不低，但點進去的多半是身懷六甲的女性，她們帶著同樣的疑問希望能找到一個完美解決問題的方法。

修改後的標題讓人眼前一亮，懷孕 6 個月還在為家務事操心？這是怎樣一個故事，點進去看看再說。然後消費者就看到文案中赫然寫道：

◎老婆懷孕快 6 個月了，彎腰不太方便，我平時就不擅長做家務，再加上最近工作繁忙，所以剛剛訂購了一款 XX 牌掃地機器人，等待驚喜中……。

毫無違和感，無論是懷孕的還是沒懷孕的，男性還是女性，都瞬間被這款掃地機器人吸引。

所以，為了帶來更高的轉化率，無論是曾經的紙媒體，還是現在的新媒體，都需重視標題，做個優秀的「標題黨」！

雖說很多人對「標題黨」反感，但不得不承認，同樣內容，標題被精心包裝後會更吸引人。既然如此，何必抗拒？如果能寫出絲毫不讓人察覺到是廣告的文案，做個「標題黨」又何妨！

02

四條公式＋三個套路，助你寫出一百個好標題

那些讓人一看必點的標題並非都「天生麗質」，許多是後天「裝」出來的。一個好的標題能瞬間為這篇文案定下基調，渲染出感情。

文案教父大衛·奧格威曾對標題發表過自己的看法：「標題在大部分的廣告中都是最重要的元素，能夠決定讀者到底會不會看這則廣告。一般來說，讀標題的人比讀內文的人多出 4 倍。」也就是說，一篇文案的標題若不能成功吸引消費者注意，那麼廣告商 80%的錢就浪費了。如果你認為這是一個廣告人的想法，只適用於廣告從業者，那你就錯了，實際上它適用於有關寫作的任何一個領域。

要想文案標題讓人一看必點閱，你得知道消費者的心理。當他們在瀏覽標題時，只想知道這對「我」有什麼好處，所以你得保證標題裡有知識。

一、好標題＝目標人群＋問題＋解決方案

在「女人挽回老公心的 10 個絕招」這一標題中，女人是目標人群，老公的心被勾走了是問題，10 個絕招是解決問題的方案。

這種標題是標準寫法，按照既定法則寫，可以讓人一目了然，有問題有答案，但，不夠吸引人！

這個標題還有沒有繼續優化的空間？當然有，不同的處理方式有不同的效果。

◎經過測試，女人挽回老公心的10個絕招，100%有效！

◎絕大多數女人都不知道的挽回老公心的10個絕招

◎老公跟其他女人跑了3次，看她如何扭轉乾坤，挽回老公的心

「經過測試，女人挽回老公心的10個絕招，100%有效！」算是分享類的文案標題，而且這些方法經過測試，100%有效，一看就比那些不可靠的八卦招式好得多，這無形中給予人一種有效性承諾。現在人們都害怕上當、害怕多走彎路，但我告訴你，我已經幫你試過了，而且效果很好！試問誰會拒絕？

「絕大多數女人都不知道的挽回老公心的10個絕招」，這屬於創造新聞類的標題。和上面標題的注重分享、強調有效性不同，這則標題創造了一則新聞，使得標題自帶強大的傳播性。

那麼這則標題中哪一點能夠稱之為新聞呢？是挽回老公心的10個絕招嗎？肯定不是的。每個女人在自己的婚姻中多多少少都會總結出一些留住老公心的方法，而這些方法大同小異，類似於第一個標題，如果只強調這10個絕招，更多的是

一種分享而不是廣泛傳播的新聞，因為這些都突出不了新聞的「新」字。可如果這 10 個絕招是絕大多數女人不知道的呢？自然就可以當作一則「新聞」來傳播。

「老公跟其他女人跑了 3 次，看她如何扭轉乾坤，挽回老公的心」，這個標題故事滿滿，成功引發了人們的好奇心。看到這類標題，許多人會忍不住點進去看看那個扭轉乾坤的女人用的是什麼招數。

二、好標題＝在（時間段）中得到（結果）

在「10 分鐘教會你如何短時間內快速致富」這一標題中，「10 分鐘」是個時間段，「致富」是結果，所以這個標題看似很完美，然而改成以下這幾種，會更讓人覺得驚豔：

◎手把手教你理財本領，只需 10 分鐘，任何人都能學會！

有人「手把手教」，還「任何人都能學會」，不需要費神費力就能習得技能，誰會抗拒呢！不就 10 分鐘時間嘛，學習就是了！

這個標題給了讀者承諾、時間段，並且包學包會，將單純的宣傳變成了某種「契約」，自然更能吸引人！

◎ 2017 年最勵志故事，他用 10 分鐘從宅男變成高富帥！

從別人的故事中看自己的人生，永遠是人們津津樂道且願意花時間去做的事情，這個標題用故事成功做到了吸引別人的注意力。

◎揭祕：那些有錢人每天花 10 分鐘玩這個，原因竟是這個！

有錢人的生活是什麼樣的？他們每天花 10 分鐘做什麼？如果我們也像他們一樣利用那 10 分鐘，是不是也會有一番成就？這個標題成功利用了人們的好奇心，所以當之無愧也是個優秀的標題。

三、好標題＝我有獨家消息

「某手機大廠將釋出新手機，設計工藝引人關注」，一看就像是該手機廠商的官方新聞標題。修改後，標題可以變成這樣：

◎手機大廠高層再放豪言：要讓所有民眾都愛上自家手機，因為它的設計工藝超一流！

◎這款手機來勢洶洶，一上來就挑戰 iPhone ！

iPhone 已經廣為人知，而這款和 iPhone 競爭的手機是道地的「新品」，自然一登場就格外引人注目。手機成不成功另說，僅從文案標題的角度來講，能牢牢抓住消費者的目光，就是成功。

四、好標題＝用符號引導讀者

「親生母親虐待孩子致死」這樣一則新聞的標題，固然已經將資訊傳達得很全面，也確實足以引起人們的憤怒和同情，可如果將標題改成以下幾種，讀者的情緒將會被無限放大。

◎真殘忍！親生母親虐待孩子……

讀者在讀到這一則標題的時候，首先會疑惑，「真殘忍」感嘆的到底是什麼殘忍？接著，後面給出答案：親生母親虐待孩子。

看到這一點的時候，讀者的情緒已經被激起，虎毒尚且不食子，還有什麼比親生母親虐待孩子更殘忍的？讀者在感嘆的同時，也會更加憤怒。而這時候，標題提供的資訊卻用一個省略號戛然而止，母親虐待孩子到了什麼地步？結果如何？讀者在憤怒的情緒下會點開這條新聞，那麼這則標題就成功了。

◎親媽？為何如此虐待孩子？

以問號為主的標題，透過設問的方式加深讀者內心的疑問，引導讀者在看到資訊時去追根溯源。

◎孩子死了！竟是被親媽虐待所致！

「孩子死了」，後面的感嘆號本來更多的是用來表示同情和悲哀，可接下來孩子的死因，竟是親媽虐待所致，這後面的第二個感嘆號，既有對意外轉折的震驚，也有增強語氣，引導讀者的情緒產生巨大波動的作用。透過這樣的引導，使得讀者的情緒變得更強烈，而一旦讀者的情緒受到衝擊，自然就證明了這是一個好標題。

從統計數字上來說，10 個人中有 8 個人會讀標題，只有 2 個人會讀文章。所以我們要重視文章標題，多花時間在標題上，因為它直接決定文章的點閱率。

那些讓人一看必點擊的標題是怎麼寫出來的呢？祕訣就是，一個文案寫 100 個標題。

對，你沒看錯，我也沒有多輸入一個零，的確就是一篇業配要配 100 個標題。

好標題從來都不是一蹴而就的，它得經過上百次的錘鍊後才能成金。

那麼問題來了，有人說我寫一個標題都憋得滿臉通紅，寫 100 個標題，怎麼可能？

其實，寫文章標題也有戰術可尋，掌握了以下這三個方法，別說 100 個標題，1,000 個標題也能手到擒來。

一、找出創意概念

創意概念又被稱之為「核心創意」，它是文案的基礎，一切文案都是從創意概念出發的。

一般來說，文案中的創意概念分兩步：首先要找到產品的 USP（Unique Selling Proposition），即產品的單一訴求；然後根據單一訴求進行二次創作。比如說：

◎充電 5 分鐘，通話 2 小時！

快速充電就是這款手機的單一訴求。

◎玩具車用了收音機還能接著用。

該電池的單一訴求就是電量持久。

◎佳能列印機，讓照片還原真實的場景！

色彩還原度高就是佳能彩色噴墨列印機的單一訴求。

找到產品的單一訴求後，就能進行二次擴散性思考了。比如，想要體現列印機色彩還原度高，可以想像出一個場景：牆上掛了一張列印的照片，照片上是一隻活靈活現的老鼠，然後有一隻貓在以假亂真的照片中撞暈了。

二、構思寫作角度

找到產品的創意概念後，接下來就要尋找寫標題的角度了。所謂角度，就是在發掘出某一條創意概念後，將其延伸，讓讀者更容易理解產品的創意概念。一個產品可以有無數條創意概念，所以一個產品能寫出無數個文案絕非痴人說夢。比如說，我們要寫一把菜刀的文案。

◎這把刀很鋒利。

眾所周知，使用菜刀的人都是下廚房的人，而放眼華人家庭的廚房，男女比例嚴重失調，雖說近年來有所改觀，但仍舊是以女性為主。

那麼對菜刀的要求，懂廚藝的女性更有發言權，她們會要求菜刀輕、快。

◎這把刀能輕易斬斷正在飛行的蚊子的腿。

充分體現了菜刀的輕和快！

◎這把刀能把這塊牛肉切成10片，每一片都像透明的紙。

工欲善其事，必先利其器，有一把好菜刀才能切出薄如紙片的牛肉。如果光有一身好廚藝，卻手持鈍刀，絕對切不出均勻的紙片肉。

◎這是一把無往不利的刀，拿著它跑步，空氣都會為你讓路！

其實，無論你手上拿著什麼刀跑步，人們都會為你讓路，但是空氣不一定，可是這把刀能做到。誇張的手法運用得很好，一下子讓人記住了這把刀的優點。

三、標題優化技巧

文案標題的寫作技巧有很多，最常用的有以下三個：

1. 把目標客戶想要的結果提煉在標題上

人家看你的文章，是因為你的文章有價值。什麼是有價值？即讀完這篇文章能得到的好處。把好處寫在標題裡，這樣目標客戶非常容易判斷這篇文章是不是對自己有用，是不是要點進去看看。

這裡可參考使用一個標準公式：【誰】＋【怎麼做】＋【可以得到什麼好處】

我們來看一個理財文案的標題。

◎上班族學會這套理財方法，可以淨賺 10 萬。

誰？—— 上班族。

怎麼做？—— 學會這套理財方法。

有什麼好處？—— 可以淨賺 10 萬。

如果換一套說法：為了提高自己的收入，學學這套理財方法吧！相比之下，這種口號式文案就顯得毫無吸引力。

再看看整形廣告的標題。

◎今天去割了雙眼皮，明天你就能閃閃動人！

誰？—— 單眼皮的人。

怎麼做？—— 割雙眼皮。

有什麼好處？—— 明天就能閃閃動人。

如果換一套說法：×× 醫院具有最高超的割雙眼皮的技術。沒有對比就沒有傷害，你自己說最高超的技術就一定是最高超的技術嗎？誰信啊？所以這種假、大、空的標題一定要捨棄。

2. 單刀直入，用資料給予人直觀的概念

簡單點說，1 就是 1，2 就是 2，用數字瞬間讓人對一件事有明確的概念。

這裡可參考使用一個標準公式：【給誰】＋【數字對比】＋【已經發生的結果】

這種類型的標題應用很廣，相信你一定在網路上看到過。

◎同樣是上班族，為什麼他 1 個月賺的等於你 1 年所得？

給誰？——上班族。

數字對比——1 個月對比 1 年。

已經發生的結果——人家 1 個月的薪資等於你 1 年的薪資。上班族何其多，絕大多數是一個月幾萬塊的薪資，看到這個標題，大家憤憤不平：為什麼？這人有什麼過人之處？他為什麼能成為打工貴族？然後紛紛想點進去看看他的高薪祕訣是什麼。

如果換成這種：職場達人與職場菜鳥的區別在哪裡？讀者看到這個標題會想：我知道這個區別又能怎麼樣？毫無痛感。但如果用數字明確人家 1 個月的收入等同於你 1 年所得，這就有所觸動了，無論是出於不服還是學習的態度，沒有幾個上班族會隱藏這篇文章。

再看看下面這個關於杯子的文案標題：

◎從每個 15 元到每個 1,500 元，這個杯子到底經歷了什麼？

給誰？——銷售人員。

數字對比——15 元對比 1,500 元。

已發生的結果——這種杯子從每個 15 元賣到了每個 1,500 元。在這個人人都是產品經理的年代，有人能將狗屎賣成黃金，也有人能將黃金賤賣成路邊的山寨品。作為銷售人員，看到一個杯子從 15 元賣到了 1,500 元，誰都想看看這個人或這家公司到底是怎麼做到的。

如果換一種標題：這家公司的一個銷售員把普通杯子賣出天價。天價？多少錢？消費者最多被這兩個字吸引一下，點進去看了之後會感覺也不過如此！更有甚者會被「天價」兩個字嚇到，「我這種一般老百姓看什麼天價杯子」，完全無感，不僅不會點開，而且還會把分享這篇文章的人一同隱藏了。

3. 場景化標題，讓顧客身臨其境

找出消費者在日常生活中的高頻場景：擠公車、敷面膜、看球賽、情侶之間吵架……越了解真實的生活場景，越容易寫出具有

代入感的標題，這樣才能擊中消費者的痛點。

這裡可參考使用一個標準公式：【寫給誰】＋【目標使用者痛點】

藝術來源於生活，標題也一樣。我在網上看到過一篇熱門文章，內容是在社群媒體裡晒男朋友，結果出現了不同的兩個女生晒同一個男朋友的奇葩事件，所以就出現了下面這個標題：

◎情人節最怕什麼？晒男友遇到同款！

寫給誰？—— 當然是要過情人節的男男女女。

目標使用者痛點 —— 怕晒到同款男朋友。

看到這個標題，很多人會不自覺地會心一笑，這是在「搞笑」啊，肯定有故事，點進去看看再說。

其實，這是一篇私人訂製婚戒的業配。如今，情人節過得比春節還隆重，很多人喜歡在社群媒體上晒男（女）朋友贈送的禮物，禮物同款很正常，但人也同款，恐怕沒有人會樂意吧，畢竟不是所有人都有個長相雷同的雙胞胎兄弟或姐妹。

如果標題換成這樣：情人節就要不同款，來 ×× 私人訂製婚戒圓夢吧！這就和每天早上都吃的同一口味的早餐一樣，毫無新鮮感，消費者一掃而過，很難記住這個私人訂製婚戒的品牌名。

03

有故事的標題，變現能力不會差

自媒體時代，用標題寫文案已經不是什麼稀奇的事了，但用一個標題講述一篇故事，會不會顯得文章標題有點長？那要看你的標題有多少字！一般來說，50 個字是極限！

對！就是 50 個字！一個標點符號都不能再多。我們先來看看某社群媒體帳號的標題：

◎ 23 年不用手機、不上網的大叔，竟然開了家網紅店，白天是理髮店，晚上是酒吧，只有 $33m^2$ 卻讓全世界最好的爵士樂手都來「打卡」。

看到這樣一條系統推送的消息，你的第一反應是什麼？「這是什麼？標題好啊！看得有點累……」然後，沒有然後了，你很可能拇指一滑，跳到了其他頁面！

將故事寫進標題裡，似乎有些誇張，也並不符合一般標題的寫作方式。然而，現在人們的閱讀時間都是碎片化的，人們失去了讀長篇文章的耐心，如果一篇 3,000 字的文章看到一半時，才發現不是自己喜歡的內容，他們會覺得浪費了時間，所以人們越來越喜歡能從標題中讀到濃縮版內容的文案。

因此，我們文案的標題要投其所好，盡可能在標題中將文案內容展現出來，讓人們能透過標題確定這篇文章是不是自己所需，從而節省大量時間，同時，也能為我們的推廣找到更精準的目標人群。

在內容定製推薦閱讀這方面，許多自媒體平臺都做得不錯，許多平臺都會根據讀者平時的閱讀習慣來推薦相關的內容。身為文案人，要有敏銳的嗅覺，既要了解這些推薦機制的推薦法則，也要了解讀者對內容的偏好，能夠做到同樣的內容，讀者點開的是你的文案，而不是別人的！

原標題：天真女子被同一人騙上百次，仍相信騙子是好人！

修改後：天真女子 1 年被騙 118 次，騙子：她是除我媽外對我最好的人！

這篇文章寫的是這樣一件事：一個騙子，利用一位女士的天真心理多次騙款達到 300 多萬元。即便這樣，被騙的女士仍然認為，對方並非騙自己錢財，而是一時有難，日後會還的。此事引起多方感慨，就連騙子本人也感嘆，在這個世界上，除了母親，她是對自己最好的人了。

從這兩個標題看，都不難看出這是一個女子上當受騙的故事，但原標題中規中矩，彷彿在彰顯那女子的「善良」。然而讀者並不願意買帳，那女子明顯是「傻」，傻人一抓一大把，她只不過是傻人中的一個而已，沒什麼好圍觀的。

標題修改後效果立刻不一樣了，那女子傻出新高度，騙子的話簡直顛覆了讀者的三觀，瞬間將一個普通的故事演繹至離奇，點選率一下子過百萬。

其實用標題來講故事，也是有技巧可學的。

第一條寶典：提煉文章亮點

◎ 30 歲海歸女子裸辭，在鄉下開了家「可以吃的花店」，連名人都慕名前往！

這是某自媒體帳號為一家花店所寫的業配。「海歸」是女子的學歷，「裸辭」是社會關注的現象，開在鄉下的「可以吃的花店」新穎有趣，最後還有名人效應加持，可以說非常「吸睛」了。

在一篇某裁紙刀的業配文裡，講述了這樣一個故事：

女主角叫阿部幸子，22 年前，因為精神疾病經常有自殺自殘行為，醫生發現她在剪紙時十分安靜，便允許她每天剪紙 10 小時來保持很平靜的狀態。後來，幸子將剪紙做成了藝術作品，由於作品太精美，引起了國際關注，幸子也因此有機會在世界多個頂級美術館表演。文章的末尾，是一個裁紙刀的小廣告。

這篇業配的原標題是這樣的：阿部幸子和美輪美奐的剪紙。從原標題上看，這僅僅是一個平凡到不能再平凡的故事，一個女孩喜歡剪紙，且熟能生巧，剪出的東西美輪美奐，僅此而已，毫無新意。實際上，若將內容縮放到標題上，一個震撼人心的故事瞬間就出現了！所以，修改後的標題是這樣的：她曾經發瘋自殺，每天 10 小時剪剪剪治癒了自己，整整 22 年！「發瘋自殺」很容易抓住人的眼球，現代人生活節奏快、壓力大，許多人有負面情緒，那別人是如何治癒的？點進去看看才恍然大悟：哦，原來靠的是一把裁紙刀！

第二條寶典：加入數字

◎這家人曾每天只賺 50 元，卻要捐出 15 萬元奉獻愛心！

◎放棄外商高層職位，自掏 1 億做影片，最高點閱率超過 9 億！

前者看似是一個愛心爆棚的新聞，實際是某理財產品文案；後者看似是成功者在述說成名史，實際是為其授課軟體做推廣！

將數字放在標題的故事中，前後對比，頗具說服力和震撼力。但這種標題用起來也要注意分寸，尤其對數字的大小要拿捏準確，否則一不小心就會淪為吹牛，不但起不到吸引人的作用，反而會惹一身麻煩！

第三條寶典：製造懸念

◎我的好友傳訊「能不能借我 10,000 塊」，我是這樣回覆的！

借錢這種事很敏感，有人曾開玩笑說，想要一段友情生嫌隙，就找對方借錢吧。這話雖說有點偏激，但現實生活中的確有很多友情禁不起借錢的考驗，偏偏又有許多人繞不過被人借錢這道檻。

怎麼辦？借還是不借？有疑問就需要有高人指點！

這個標題瞬間戳中許多人的痛點，還製造了懸念，所以自然會成為爆文。

◎頂大女畢業生，竟成山區赤貧家庭六子之母……到底發生了什麼？

頂大畢業、六子之母、山區赤貧，這些關鍵詞一丟擲就迅速成為大家關注的焦點，強烈的身分對比，懸念叢生，自然吊足了大家的胃口。

◎一男子在酒店枕頭底下撿到近萬元現金，怒投訴：沒換枕套？！

看到這個標題，大多數人關心的不是酒店被套有換沒換，而是那近萬塊錢的去向。

上交到酒店？不妥！自己花錢睡著沒更換被套的床，絕對不能將撿到的錢還給「仇家」。自己私吞了這筆錢？也不妥！那會遭道德譴責的！

於是眾網友們忙壞了，為這筆錢應該如何處理操碎了心，然後這篇從標題上就看得見內容的新聞很快成了熱門話題。

第四條寶典：偷換概念

◎著名 LOL 玩家和 DOTA 玩家互斥對方不是男人，現場數萬人圍觀！

數萬人圍觀？兩人對罵？為什麼要對罵？這是怎樣一起紛爭？結果點進去一看，原來是周杰倫和林俊傑同臺，唱了一首歌叫〈算什麼男人〉。

標題的主要作用是吸引消費者，本質還是為內容服務。所以在使用偷換概念這種標題時，一定要為消費者帶來有價值的內容，掛羊頭賣狗肉的標題，會瞬間讓消費者將文案撰寫者大罵一頓，而且達不到應有的宣傳效果。

◎就像在你的屁股上塗了玫瑰色的冰淇淋那樣，清涼而持久！

這是某痔瘡膏在美國某網站上做的廣告，不多說，外國人的腦洞確實大！

◎整整 10 個月的辯論、演說、拉票、逆轉，只為了坐上這個位子！

這是唐納・川普（Donald Trump）競選美國總統時，凱迪拉克汽車（Cadillac）的宣傳文案！

一張偌大的海報，配圖是凱迪拉克總統座駕陸軍一號，內文是「所有的偉大，源於一個勇敢的開始 —— 1918 年起，凱迪拉克成為美國總統座駕」！這一波行銷不僅讓媒體人印象深刻，而且對於所有豪華品牌潛在消費者而言，都非常受用。

用標題講述故事的方式，越來越多地被應用於文案寫作中，尤其在現在的自媒體推薦機制下，這種方式的效果尤其好！

用標題寫故事時，標題多長才不會討人厭？或許我們可以從各大媒體平臺的字元限制來分析下。

以某社群平臺為例，標題可允許的長度是 64 個字元。但通常情況下，你絞盡腦汁憋出來的 64 個字元，不一定會被全部顯示：我們大多數時候能直接看到的字數大概是 22 至 28 個字元。所以，為了讓你的標題內容以最佳方式呈現在讀者面前，在該平臺中，標題字數不能超過 22 個。如果非要寫滿 64 個字，那我建議把重點放在前 22 個字上，這樣至少轉發之後還能再賺些點擊率。

另外，用標題講述一篇濃縮的故事時，一定要善於發現文章中的亮點，關注社會熱點、產品的新奇之處，或是大咖們的推薦。總之，偷梁換柱也好，製造懸念也罷，要將這些關鍵點串成一個故事，讓消費者看不出做作的痕跡，能欣然將整篇文章讀完，這就是成功的文案標題了！

04

帶有懸念的標題，讓人一看就想點擊

先來講個案例。

有家新開的餐廳生意不好，每天除了幾個老熟人來捧場外，幾乎沒什麼新客人。老闆很著急，一度寢食難安！為了提高營業額，老闆在飯店外牆上打造了一個非常漂亮的櫥窗，並在櫥窗上打孔，上面掛著一個很醒目的牌子，寫著「不許偷看！」

自從牌子掛出去後飯店每天人滿為患。

什麼原因？因為牌子上的四個大字一下子勾起了人們的好奇心，大家都忍不住從小孔偷看，結果看到的是餐廳正中央的八個大字：美酒飄香，請君品嘗！

就在大家爭先恐後偷看的那個位置，有一瓶敞開口的美酒香氣四溢。許多人看到這一幕並不覺得自己被騙了，反而會心一笑，被老闆的聰明才智所折服，並在潛意識中認為這裡的酒必定有與眾不同之處，於是，走進這家餐廳，一飲為快。因此，這家餐廳的生意越來越興隆。

由此可見，要想讓一個人心甘情願地去做某件事，可以從改變其「潛意識」開始。只要他的潛意識接受它，就會達到預料之中的效果。

人的潛意識對什麼最敏感？那就是讓人們好奇的東西！因此，在行銷的過程中，誰能引起客戶的好奇，誰的銷售就已經成功了一半。

文案的標題也一樣，想要瞬間勾起消費者的好奇心，必須將文案標題做成「謎案」。比如下面這幾個標題：

◎一家人自駕避暑，下高速才發現孩子沒上車。

那麼，然後呢？孩子怎麼樣了？點進去看看。

◎男子花 150 萬裝修新房，裝修完發現是別人家。

這真的不是在演短劇？那這個裝完的新家後續如何處理？很明顯，讀者一看到這種標題立刻疑問重重，這種文章的點選率自然不會低。

◎不會吧？ 80 歲的老奶奶可以 2 秒擊倒 180cm 的壯漢！

80 歲的老人對付 180cm 的壯漢，還勝利了？這就和吃飯居然咬到了腳趾頭一樣，讓人覺得不可思議。但偏偏這種事發生了，原因何在？人們點進去看了之後才發現，原來是一支生猛的防狼電擊棒讓老奶奶如有神助。

◎一夜之間，這縣市的人孔蓋全消失了……

這縣市的人孔蓋全消失了，什麼情況？什麼賊這麼厲害，能一夜偷光所有人孔蓋？點進去看看再說。

看完這幾個例子，你一定很想知道如何才能勾起消費者的好奇心。很簡單，了解人的欲望就行。或許有人會說，那不是胡說嗎？人有萬千，想法各異，怎麼能知道別人的欲望呢！這還真不是胡說，歸根結柢，人類幾乎所有的欲望都源於兩件事：生存和繁衍。

先說說生存！人們對食物、空氣、水等基本生存條件都有要求，誰都希望自己能幸福從容、平和安逸地活著，能活得更舒適！所以衣食住行樣樣都得講究。

再來說說繁衍！換言之就是找配偶。為什麼女性喜歡找「高富帥」，男性喜歡找「白富美」？不單單是為了追求物質、為了養眼，還為了確保後代有優良的基因。

讀到這裡，或許很多人又按捺不住了，覺得這跟寫文案有什麼關係？當然有關係，而且關係密切！因為有講究、有尋覓、有選擇，就會激發人的欲望，只有了解到人的深層次欲望，文案才能走入消費者內心，從而啟動消費者的購買開關，讓其實行購買行為。一般來說，人類的生存欲望和繁衍欲望如下：

①避免勞累，享受舒適的生活；

②長壽，保持青春、健康、有活力；

③享受美食；

④免受疾病痛苦，遠離生命危險；

⑤獲得良好的社會地位，避免被社會邊緣化；

⑥有滿意的伴侶；

⑦保護好家人。

知道了人的這七種欲望，我們就能深入讀者的內心，在讀者心中種下好奇的種子。比如，要寫一款榨汁機的文案。

原文案：

◎你家的榨汁機 OUT 了，還不趕快換掉！

→榨一杯果汁只要 30 秒；

→迷你輕巧，不占地方；

→全新食品級 PP 材質，安全無毒；

→榨完汁，杯子一沖就乾淨，很方便；

→榨汁過程一點都不吵，很靜音。

很多人看完這篇廣告，並不打算換掉現在的榨汁機，因為這個文案描述的這款榨汁機的功能，許多榨汁機都具備。

如果將文案換成這樣，效果就另當別論了！

修改後：

◎用了這款榨汁機，你的人生將會出現這些變化！

→這款榨汁機會讓你忘了充滿添加劑的超市飲料；

→從明天開始，陪伴你的將是冰箱中紅橙藍綠紫的蔬菜水果；

→這些來自大自然的餽贈會濃縮成一杯杯蔬果汁；

→流入你的身體，滋養你的皮膚，紅潤你的面頰；

→三個月後，你會在鏡子中看到一個全新的自己；

→健康、漂亮、充滿陽光，讓別人都忍不住偷看的自己！

新文案利用人類的第②種及第③種欲望，成功勾起了人們的好奇心，一款榨汁機能改變人生？大部分人都會被標題吸引點進去看這款榨汁機究竟有什麼神奇的魔力！然後內文中的場景勾勒，再次將人們內心深層次的第②種及第③種欲望勾了出來。最後再附上相關的榨汁機購買方式，許多人會無法抗拒。

再列舉幾個利用人類的欲望勾起好奇心的標題：

◎玩轉 Office，明天早點下班！

這是不是比俗套的「7 天變身 Office 達人」、「輕鬆 hold 住辦公軟體」之類的標題更吸引人？因為它能讓我們早下班！這個標題符合人們的第①種欲望，避免勞累，享受舒適的生活。

對上班族來說，早下班是多麼幸福的事！深藏在消費者心中的美好願望，被這個標題挖掘出來了，所以人們瞬間對這個 Office 技巧充滿好感與好奇，就算花錢學也心甘情願。

◎像口紅一樣的行動電源，你去哪它就去哪！

體積龐大的行動電源因為太重很多人不願意帶，所以號稱移動電源的行動電源其實並沒有起到應有的作用。而這款行動電源體積小、容量大，便於攜帶很方便。這個標題讓人們的第①種需求得到滿足，能解決生活中的問題、幫助提高生活品質，不選這款產品心裡不舒服，所以這種行動電源一經推出就成了熱賣款！

對許多自媒體文案工作者來說，為了吸引粉絲，為了讓消費者哪怕只是點選進來看一眼，都會使出渾身解數。而對商品推廣文案工作者來說，文案的標題關係到產品銷售情況，消費者看到的時候，會在一兩秒內做出決定，是點選進入文章繼續讀下去，還是直接跳過去，所以，標題應該是比內文更需要花心思研究的點。

設問是一個很好的擬標題方式，往大方向說，它直通人性；往小方向說，它能讓人刷出存在感。

就比如這個標題：

◎鞋子上有 300 個洞，為什麼還能防水？

這個標題的科技感很強，而人們對於「科技」二字往往毫無招架之力，會熱衷於縮短自己與科技之間的距離，這個「為什麼」能快速勾起人們求知的欲望。這就是人性！如果有一雙這樣的鞋子，在心理上就會產生比別人更多的優越感，因為這種鞋子不是人人買得起的，這就是刷存在感！

我們會對一個標題產生好奇，多半是出於對某種人類欲望的追求。在讀者心中種下好奇種子的標題，會讓讀者產生愉悅的閱讀感受，這樣的標題更容易達到銷售目的。

05 六個技巧，教你精心打磨標題

在沒有電話的年代，電報是很昂貴的通訊工具，按字元收費，就連標點符號都要算上，所以發電報的人會將傳遞的內容精簡再精簡，直至不能精簡才發送。寫文案的標題同樣如此，標題的每一個字都是精華，每一個標題符號都要用得恰到好處，要不偏不倚直抵消費者內心。否則，就算文案內容寫得再精采、排版再精美，消費者不點開標題，這篇文案也沒有任何意義。

電報式標題是不是意味著一定要短小精悍？不要弄錯意思，這裡說的電報式標題，是指每一個字都要精心打磨恰到好處，如果不能引起消費者共鳴、觸發消費者的內心訴求，那即便標題只有兩個字也嫌多。

我們來分析幾個成功的案例：

◎再小的個體也有自己的品牌

這是某社群媒體平臺的文案，在自媒體剛剛興起時，這句文案簡直堪稱神作。

在紙媒時代，普通人想在報紙雜誌上發表文章要受各種限制，比如寫作題材、時間、類別等，所以很多民間寫作高手被時代雪藏了。如今，該平臺讓所有人都能成立自己的「報刊」品牌，都能在自己的媒體平臺上暢所欲言。這個文案字數不多，卻一下子抓住了小人物想有大成就的心理，所以迅速走紅。

◎人類失去聯想，世界將會怎樣 —— 聯想

這個文案巧妙運用了「聯想」這個名詞，一詞雙義，把世界與聯想品牌連結在一起，成功地讓人們知道了聯想的重要性。沒有一個多餘的字，卻瞬間讓人們記住了「聯想」這個品牌，這無疑是聯想一個非常棒的文案。

◎致那些使用我們競爭對手產品的人，父親節快樂！ —— 杜蕾斯

用保險套的人都有一個共同心理：不想過父親節。杜蕾斯拐彎抹角地黑了所有對手的產品，同時巧妙地將自己產品的品質優勢放大，無形之中讓人記住了這個頗具調侃意味的文案，以及產品品牌。

◎雖然我們膚色有別，但絕對不含人工色素 —— 白蘭氏雞精

食品安全問題讓人聞之色變，如何讓自己的產品顯得與眾不同且絕對安全？白蘭氏雞精做得很好，它在標題中明確告訴消費者它的與眾不同以及與眾不同的原因 —— 不含人工色素。

儘管很多消費者根本不知道人工色素是什麼，但新聞或報紙上時有報導「人工」的醬油不合格、「人工」的雞蛋不能吃……久而久之，消費者恨不能將所有帶有「人工」字樣的食

品全部打入冷宮。這時，突然有個絕對不含人工色素的產品出來，消費者在選購雞精時，肯定會優先考慮。

◎飯後嚼兩粒，關心牙齒更關心你 —— 益齒達

不得不說，這是個堪稱經典的文案，讓人一吃飯就想到益齒達。許多人不具備吃完飯能刷牙的便利條件，而益齒達解決了這個問題，它不但可以幫助人們清潔牙齒，而且唇齒留香，讓身邊的人也感覺非常好。

「關心牙齒更關心你」，一句話瞬間拉近了人與人之間的感情。在這個靠手機維繫感情的年代，能黏住使用者的東西不多，益齒達口香糖成功做到了這一點。

電報式文案標題，詞簡而意豐。無限的情感濃縮排有限的文字，給人回味和想像的空間。

成功的文案標題並不是說要一下子將所有資訊都傳遞給消費者，產品的資訊那麼多，既要給出賣點，又要給出促使購買的資訊，還要表達產品精神，如果把資訊一次全部扔給消費者，只會引起消費者的反感。而且資訊太多，反而會讓人抓不住重點。

寫文案標題應該抱著這樣的想法：以最小的成本得到最大的收益。要像「點穴」一樣，找到「牽一髮而動全身」的那個「穴位」，重點發力。想要精簡文案標題，練成「點穴」神功，只需做到以下兩步：

一、找準定位，抓住關鍵詞

生活中，我們常常會被突然出現的畫面或某人脫口而出的話語擊中，內心掀起千層巨浪。每當這種情況發生在我身上，我都會思考，是什麼資訊擊中了我？為什麼我會被這些資訊擊中？透過這樣的思考，我越來越了解自己的個性和需求，也漸漸找準了自己在生活中的定位。

事實上，每一則經典的文案標題都是要呈現出這樣的一個畫面或一句話。透過這樣的畫面和語言，來傳遞能夠引起消費者共鳴的關鍵資訊。與生活中那種無意識的資訊傳遞不同的是，每一則文案標題的創作，都需要文案工作者找準消費者的需求，明確自身的定位，抓住關鍵詞，透過簡潔的話語，傳遞出精準的資訊。

常言道，「兵不在多，在精」，好的文案標題也是一句話便勝過千言萬語。那些堪稱經典的文案標題，都是極簡主義者，都是透過極其簡單且朗朗上口的句式，傳遞出消費者的訴求和產品的關聯。換言之，就是用極其簡潔的話語，向消費者傳達產品自身的定位，以及能夠滿足消費者哪些具體的需求。這樣的標題，自然能擊中消費者。比如：

◎看不懂電影人士的避難所 —— 電影觀賞平臺

該平臺有個影評欄，大家可以在此暢所欲言，交流觀後感。但如果直接說交流影評，許多類似的網站也有這種功能，於是該平臺巧妙地突出了自己的優勢，任何使用者看不懂的電影，在該平臺都有解析，會令使用者醍醐灌頂：哦，原來是這麼回事！

二、抽絲剝繭，去掉水分

文案標題應該表達產品最想傳遞給消費者的資訊，且資訊量不宜過多、過雜，否則結果只有一個，就是所有資訊都被淹沒，消費者什麼資訊都沒有接收到。

因此，一則吸引消費者注意力的好標題，一定要精簡、精簡，再精簡。

原標題：

◎挑戰行業底線零基礎就業班，本週只需 5,000 元！

→告別 10,000 元以上的高價培訓，勇於挑戰自身的潛力，職業道路上不再坎坷！

修改後：

◎挑戰行業底線零基礎就業班！

→告別萬元培訓，本週只需 5,000 元！挑戰潛力，職業路上不坎坷！

前後對比，很明顯，修改後的句式不僅更容易被人記住，排版也更美觀。

其實，文案標題控水並不難，只要你掌握了下面六種技巧，就能把標題寫得短小精悍。

1. 減掉一切不必要的文字：當你對標題滿意時，再減去三分之一的文字。

原標題：

◎女子在社群平臺辱罵朋友被起訴，結果法院判她在社群平臺向朋友道歉 3 天，賠償 25, 000 元

修改後：

◎女子在社群平臺辱罵朋友遭起訴，法院判其在社群平臺道歉 3 天，賠償 25, 000 元

兩個標題傳達的意思是一樣的，但是對比起來，修改後的標題比原標題更簡練。

2. 刪去與關鍵字無關的文字、詞語。

原標題：

◎旅遊是一件很快樂的事，僅需 3, 500 元就能玩得痛快，包住宿 2 天 3 夜遊離島。

修改後：

◎ 3, 500 元，2 天 3 夜暢遊離島！

原標題的關鍵詞是什麼？旅遊、3,500 元、2 天 3 夜、離島。提煉出關鍵詞之後，把無關的修飾詞、文字刪掉，按照邏輯重新組合這幾個關鍵詞，就可以得到修改後的標題。

3. 刪掉重複的詞語，試試看還能不能用更短的詞彙代替。

原標題：

◎ 2017 新款春裝韓版潮男毛衣男裝韓版百搭純色毛衣男裝全棉針織衫

修改後：

◎ 2017 新款春裝韓版潮男百搭全棉針織衫

其實，原標題如果作為電商平臺的產品標題，是沒有問題的，因為盡可能多的關鍵詞能提高產品的能見度。但如果是作為宣傳用途的文案標題，原標題就顯得囉唆了，沒有幾個人有耐心去看這麼長的標題。所以，身為文案人，還是乖乖地把那些重複出現的詞語刪掉吧！

4. 使用關鍵詞，讓標題看起來很「短」。

原標題：

◎男人嫌妻子過於嘮叨，一槍打死了對方

修改後：

◎男人、嘮叨和槍

選取原標題中的「男人」、「嘮叨」、「槍」三個關鍵詞做標題，更加簡短，也更能勾起人的好奇心。

5. 用特定句式，讓文案讀起來更順口。

原標題：

◎讓流利的口語點亮你的未來

修改後：

◎多一種語言，多一種人生
◎學好語言，高薪工作不是夢

原標題是完整的長句，第一種修改方式是把長句改成對仗句式，讀起來更朗朗上口；第二種修改方式是把長句變成長短句式，讀起來更有力。

6. 將長句子斷句。

原標題：

◎車主可免費領取價值 500 元的加油代金券，還不快來？

修改後：

◎免費加油！點選領取 500 元加油代金券！

相同字數的文案，有斷句的文案看起來更短，也更容易記憶。在一版報紙上，你的標題至少要與四五篇文章競爭讀者的注意力；在一頁手機螢幕中，你的文章標題至少要從十幾篇文章中脫穎而出才能被點開；在一屏電腦頁面中，你的標題至少要與幾十篇文章過招才能勝出。

研究顯示：在網路環境下，使用者投入到一則廣告上的時間平均不超過兩秒鐘。也就是說，消費者是以「凌波微步」的速度穿越廣告叢林，絕對不會在毫無興趣的地方停留片刻。所以，用電報的方式講清楚要講的內容，文字簡潔、直截了當，不和讀者捉迷藏，是文案人必須修練的基本功。

06

十類經典標題教你快速找到思考靈感

縱觀標題的種類，主要有以下十種：

一、以符號為主的標題

◎後臺又故障了？其實它又更新了五大功能！

◎你還在用電訊公司提供的路由器？浪費錢！這裡有一種便宜的替代品……

◎這個教授最近紅了！有人說他是最暖的爸爸！

◎日本大男子主義到底有多嚴重？主婦就活該承擔所有家務事？！

◎我視力超好，但還是每天都戴這副眼鏡，因為……

二、以數字為主的標題

◎如何在半年內將社群平臺粉絲做到 10 萬？

◎月入 10,000，如何能活得像月入 1,000,000 ？

◎電商秘笈：教你 7 天打造爆賣款商品

◎ 200 元以下能買到的 25 件父親節貼心禮物

◎ 32 件你爸爸真正想要的父親節禮物

◎買下這 9 件東西，你今年就賺到了

◎ 10 款 100 元以內就能買到的實用 iPhone 配件

◎售罄 22 次，這件衣服到底有什麼魔力？

◎如何在 24 小時內毫不費力地賣掉房子？

三、追捧富豪、蹭名氣的標題

◎有一種自豪是我們都是彭媽媽的無腦粉絲

◎比 xx 知名景點還美的地方竟然在這裡

◎深夜痛哭的小 S，不只是絕望主婦的中年危機

四、「最」之類標題

◎這城市最好吃的雞，竟然是一個理髮師做的

◎這款 iPhone 手機殼有個我見過的最炫酷特點

◎你能在 xx 買到最有趣的東西

◎一週 7 種早餐，每天不重複，她是最有愛心的媽媽

五、懸疑類標題

◎三個月薪資翻了兩倍，想知道我是怎麼做到的嗎？

◎ 450 萬人搶著為這家倒閉的工廠捐款，只因廠長 15 年前做了這樣一件事！

◎手機為何電量剩下 30%時就提示要充電？原來如此！

◎不敢相信！社會福利如此完善的日本，竟然這樣對待殘疾人！

六、幽默詼諧類標題

◎只進入你的身體，不進入你的生活（某食品廣告文案）

◎咻咻的樂趣：切片、刨絲、絞肉、和麵……咻地一下全搞定！

七、直擊心理類標題

◎只花了不到 125 元，我就讓愛車擁有了一次超棒的科技更新（想省錢）

◎你在廚房裡最大的煩惱，這 11 個小工具都能幫你解決（想省事）

◎這 11 個黑科技產品，讓你的工作更輕鬆（想偷懶）

八、比較類標題

◎和這個比，雲霄飛車弱爆了！

◎ xx 兒童醫院，居然漂亮到這種程度！

◎他如何從欠債 1 億做到營利 10 億？

◎他只用了 10 分鐘，就簽了個 2,500 萬的訂單

◎你還在擰蓋子？我已經喝到水了！

九、誇張類標題

◎為什麼有些食物在你肚子裡會「爆炸」？

◎剛需？一個騙了所有民眾的大謊言！

◎科學家最新發現，每天喝 8 杯水會致命！

◎天啊！千萬不要用這種方式瘦身，太可怕了……

◎這家美容院，簡直比整形超音波刀還厲害！

十、盤點類標題

◎孩子拿著氣球時千萬不要吃這 5 種食物！會爆炸！

◎逆天神技能，印度人民又開外掛了！

◎害人不淺！暑假這 10 種玩具少讓孩子玩

◎臺大學霸給學測生的 10 個忠告

◎品味好的男人會隨身攜帶這 3 件東西

第三章

爆款必備：
掌握了就事半功倍

儘管每次文案的寫作任務不同，但某些元素必不可少。例如，文案要實現什麼目標、這項產品或服務的最大特性是什麼、要用什麼方式呈現產品特性、文案針對的目標群體是哪部分人、文案是否符合目標群體的需求和欲望……把這些由淺入深、從一般到詳細、從部分到整體的元素進行組合堆砌，再透過文字、圖片或者影片的方式呈現，才有可能誕生出一個「有用」的文案。

01

刻意蒐羅＋借力工具，建立屬於你的知識體系

每個人都有自己的知識體系，它來源於你生活中的各方面，並隨著年歲的增加、閱歷的增長而不斷完善。

有些人的知識體系就是一堆亂麻，完全沒有經過梳理和整合，只是一味地被動吸收。而一個出色的文案創作者一定是知識體系建構的高手，他的腦袋裡會有一個「知識網路」，裡面有「中心」，即關於某方面知識的總稱；有「分類」，即圍繞中心展開的多個分組；然後是枝葉，即和主幹相關聯的內容。當然，出色的文案創作者還勇於打破結構，因為知識不是一成不變的，學習到新的東西，一定要更新之前的知識網路，以糾正自己知識體系的片面性。

這些具有自身特定標籤的知識體系中的知識，可以分為一般性知識和特殊性知識，它們相輔相成，共同為文案提供「養分」。而其中的特殊性知識，有著舉足輕重的影響力。哪怕一篇文案中 80%的內容都是一般性知識，但偏偏那 20%的特殊性知識融入之後，經過文案創作者獨具匠心地提煉，就能夠成就一個紅遍全國、網路與實體的絕妙文案。

對於吃，古代是「民以食為天」，現代各種關於吃的文案也層出不窮。「天若有情天亦老，葡式蛋撻配漢堡」、「小樓昨夜

又東風，鐵板烤肉加洋蔥」、「君問歸期未有期，紅燒茄子黃燜雞」、「落紅不是無情物，布丁芒果西米露」……這些文案雖算不上經典，但改編大眾耳熟能詳的古詩詞，也能讓文案讀起來朗朗上口，妙趣橫生。

下面再來看兩個關於「吃」的紀錄片中文案，以便更加直接地學習如何把一般性知識與特殊性知識完美融合成一個好文案。

某知名美食節目，令人垂涎欲滴的美食配上在地化的旁白和輕快的音樂，隔著螢幕，我們似乎都能聞到那些佳餚的香氣，而美食背後的故事和情感，更是觸動靈魂，讓我們淚水與口水齊飛。

◎有一千雙手，就有一千種味道。美食烹飪無比神祕，難以複製。從深山到鬧市，廚藝的傳授仍然遵循口耳相傳、心領神會的傳統方式。祖先的智慧、家族的祕密、師徒的心訣、食客的領悟，美味的每一個瞬間，無不用心創造。

這是摘自該美食節目中的部分文案。美食烹飪、深山、鬧市、祖先、家族、師徒、食客、美味，描述的都是一般的生活場景，但將這些措辭組合到一起，就營造出了一種唯美的意境，不緊不慢地述說，為通篇定下了「悠閒地品味祖傳美食」的基調。

◎美味的前世是如畫的美景。清明，正是油菜花開的時節。xx 村莊唯一的油坊主人跟大家一樣，選擇在這一天祭拜祖先。油坊的勞作決定全村人的口福，華人社會相信，萬事順遂，是因為祖先的庇佑。田邊的邂逅，對同村的村民來說，意味著用不了多久就能吃到新榨的菜籽油。清晨，春雨的溼氣漸漸蒸發，接下來會是連續的晴天，這是收割菜籽的最好時機。5 天充足的陽光，使莢殼乾燥變脆，脫粒變得輕而易舉。菜籽的植物生涯已經結束，接下來它要開始一段奇幻的旅行。

這樣的描述，著實出彩！「美味的前世」、「脫粒變得輕而易舉」、「植物生涯已經結束」，這些讓人拍案叫絕的組合賦予了菜籽生命力；「萬事順遂，是因為祖先的庇佑」增添了傳統文化的元素；「春雨的溼氣漸漸蒸發，接下來會是連續的晴天」又融入氣象常識，使得情境活靈活現。沒有大量基礎知識的儲備和特殊的思考角度，是無論如何也寫不出這樣美的文案的。

同為飲食題材的紀錄片，2018 年暑期，某節目成為紀錄片中最大的黑馬，上線 3 天，播放量過千萬。

該節目與其他走治癒系、精緻系的美食節目截然不同。它就像一個穿著拖鞋又有江湖味道的粗俗大叔，突然闖進一群精緻生活的小資中那樣特別！之所以會產生這樣迥異的觀感，片中的文案功不可沒。

◎夜幕降臨，人們開始渴望美好而放鬆的一餐。從小酒到大餐，這個龐大的選擇譜系裡，很多人鍾情於街頭巷尾、市井里弄，只有這個環境配得上他們想吃出點不同味道的企圖。大家其實很懂生活，沒了炭火氣，人生就是一段孤獨的旅程。這話簡直就是為燒烤量身定製的。

第一集的開場文案就觸動了我們的神經，不僅交代了燒烤的產生，而且把吃串燒這件事情昇華了 —— 吃燒烤等同於懂生活。本來一件通俗的事情，一下就變成了一個標榜自己品味的選擇。

◎串，是燒烤的基本形態。肉，則是人類燒烤的共同主題。長夜漫漫，我們即將看到燒烤攤上的王者 —— 肉的傳奇。

這句話用了很多高段位的詞彙，如「人類」、「王者」、「傳奇」等，這幾個詞一下就把平淡的夜市烤串變成了食神眼裡的燒烤江湖。

由此，從某種程度上來說，我們可以把特殊性知識定位為一種能力，一種關於藝術、審美、洞察、聯想的能力，並且可以將這種能力疊加於基礎性知識之上，這樣發酵而出的文案會更加抓人眼球。

近年來，沉浸式體驗項目（能讓人沉浸其中，忘記自己、忘記時間的體驗項目）非常火紅，但你聽說過文案也有沉浸式的嗎？某節目就將沉浸式文案發揮得淋漓盡致。

◎啃羊蹄的時候，你最好放棄矜持，變成一個被飢餓沖昏頭腦的純粹的人。皮的滋味、筋的彈性，烤的焦香、滷的回甜，會讓你忘記整個世界，眼裡只有一條連骨的大筋，旋轉、跳躍，逼著你一口撕扯下來，狠狠咀嚼。再灌下整杯冰啤，

「嗝～舒服」，剩下一條光溜溜的骨頭，才能最終心靜如水。

這樣出彩的文案不僅在於知識體系的建構，更得益於邏輯和獨特的思考角度，難怪網友評價「這文案的創作者絕對是個鬼才」、「這節目一半靠文案」。

你是否也想寫出這樣讓人讚不絕口的文案？你是否也想建構一般性知識和特殊性知識的完美比例？如果你的答案是肯定的，就要先做到以下四件事情：

一、建構完善的知識體系

想要建構完善的知識體系，首先要明白什麼是知識體系。具體來說，知識體系是與碎片知識相對應的概念，是指高度有序的知識集合，由大量的知識點、有序的結構兩個部分組成。

明白了概念，接下來就是實現知識的體系化。在這裡，建議大家從三個層次切入：通識、應用和資訊。基本上所有知識都可以粗略地分到這三大類別之中。

所謂通識，就是歷史學、心理學、社會學、經濟學、廣告學、哲學等各領域知識體系的根基，這些看似枯燥乏味的知識在你的文案創作過程中可能發揮著重要作用。

如果說通識是構成知識體系的原料，那應用就是讓這些原料發光發熱、建立有序結構的方式。應用是針對個人目的，採取問題導向的思考方式，激發和活化所學到的知識的過程。

例如，學習文案寫作，需要掌握大量的基礎知識、工具和方法。在掌握這些內容之後，我們不能一味照搬，而是要看你需要解決什麼問題，然後再從這些內容中選取精華並重新組織，演化出一套適合對應產品的文案撰寫方法。

如此，才能對學到的知識賦予意義和價值，就好像地圖不是放在那裡積灰塵的，而是要用來指引道路的一樣。通識和應用構成了知識體系的絕大部分，剩下的就是資訊。

這裡的「資訊」有兩個概念：其中一個是相對於「通識」和「應用」而言的「更新」，知識體系不是靜止的，任何領域的知識都在不斷更新和修正，所以我們需要及時關注前沿成果，更新知識儲備；另一個概念則是「熱點」，追熱點似乎是所有文案人必備的一項技能，追得巧妙可以讓我們的文案插上「翅膀」，飛向廣大的消費族群。

建構知識體系是一個長期的、繁雜的、系統性的工程，人們的年齡階段、經歷閱歷、身處社會環境的不同，會造成知識體系更新速度的不同，但越是獨特的、充盈的知識體系，越有可能讓你在競爭之中脫穎而出。

二、路徑大蒐羅 —— 我們從哪裡學

在建構知識體系的路途上，明確知識體系的框架之後，就可以去搜尋獲取知識和資訊的管道了。

就大範圍來說，我們可以透過各大瀏覽器、各大顧問公司

官方網站的資料庫以及社群媒體、書籍、雜誌等，按圖索驥充實大腦，用禁得起推敲的理論與實踐方法去獲得靈感和啟發。如果是更加具體的文案撰寫，則需緊隨業界成功人士的腳步，透過線上線下各種平臺去學習，指導實踐。

三、借力工具，整理庫存

當然，知識體系的建構並不是光靠腦子的。俗話說得好，「好記性不如爛筆頭」，把知識體系「形體化」，不僅可以加深記憶，還可以時不時拿出來「溫故而知新」。

我們前面已經羅列了主題和路徑，接下來就可以按照邏輯和層次，分出盡量詳細的項目類別了。這期間既可以用手寫筆記的形式整理，也可以利用程式來做筆記，都是不錯的選擇。你可以根據自己的知識體系框架，建立一些「筆記本」，用獨屬於自己的「知識項目」來命名，然後把你的知識點按照名稱歸納進相應的目錄中。值得一說的是，近些年大熱的「手帳」筆記，也是很不錯的選擇，如果你喜歡手繪，那麼建立知識思維導圖將會事半功倍。

當然，整合的過程絕不是一蹴而就的，你一定會發現最初的框架和提綱是不完善的、分類是有問題的，沒關係，只要你及時調整即可。

如果你發現自己的知識體系出現了漏洞，也無須太擔心，這是好事，說明你正走在成長的路上。

四、養成輸出習慣

一定要相信這個觀點：輸出是最好的內化方式。

經常有人會問如何更好地記住一個知識點，答案很簡單，把它用你自己的話表達出來，說給別人聽。

我們每天都在玩手機，看新聞、看影片、看自媒體平臺……這些都是輸入，而這些輸入真正被納入自己的知識體系，為己所用的又有多少？可能 5%都不到吧。輸出的過程就是把輸入的東西轉化成自己的能量的過程，就是鞏固知識體系的過程。你不輸出，輸入的東西就只是看起來好看，卻無法用。

建議你每天抽出一小時，把當天的「輸入」進行整合和提煉，如果能把這些「總結」放到社群平臺上，那就再好不過了。這樣深入思考、歸納總結的輸出方式，必定會讓你的知識體系「枝繁葉茂」。

02

情境：觸動的不是文字，而是相關的場景

「這明顯是廣告，還是換一個吧。」這是大多數消費者看到廣告文案的第一反應。我們不得不思考：消費者為什麼這麼反感廣告？我們要如何做才能降低這種反感？怎樣做才能讓消費者覺得我們是在幫助他們解決問題？

很重要的一點，就是我們要注意消費者所在的情景。舉個例子，你正在划手機看搞笑的影片，這時候突然出現了一個 ×× 汽車發的貼文「年度重磅，即將登場」，打擾了你想要休閒娛樂的心情，當然會覺得反感。

所以，我們要結合情景包裝我們的文案，使之成為看起來不是廣告的廣告，與情景同化，深入消費者的生活，並使之產生共鳴。

一、與情境同化

1. 社群平臺場景

我們划手機看社群平臺，大多是為了了解朋友的生活動態，所以在平臺裡很多成功的、沒有引起反感的、不是「一刷而過」的廣告，更像是一個朋友在對你說話。

◎我的電影《何以笙簫默》，獻給長情的你，量量你的愛情有多長。

電影《何以笙簫默》的廣告，以朋友的口吻跟你說話，用了「我」、「你」，一下子拉近了與人的距離，這是我們在社交平臺上自己也會做的事情，所以沒有引起反感。

2. 移動新聞客戶端廣告

想一想，在移動新聞客戶端，大眾要做什麼呢？當然是獲取新聞資訊、了解社會上發生了什麼事情。所以我們的文案也要像新聞訊息一樣。

我們來對比下面兩條移動新聞客戶端的廣告，看誰的更好。

◎急用錢？貸款額度高達 30 萬，無抵押！

◎《華爾街日報》整版報導，某貸款公司在美國火紅了！

毋庸置疑，第二條更勝一籌，點選率更高，因這本身也是一條新聞。

總而言之，文案與情境同化，就是要讓文案更加符合大眾在這個場景下要完成的事情。電視廣告，要有節目的感覺；網路搜尋引擎，要讓標題看起來像是答案；電梯廣告，要給人一種看通知的感覺……照著這個思路，我們就可以找出任何一種場景下沒有廣告感的文案形式。

二、產生共鳴感

能使消費者產生共鳴的文案，更容易激發其購買欲。

如果你接到一個任務，賣某培訓課程，重點資訊是「系列職業培訓課程，只要 200 元」。如果想讓這則文案變得更加直觀形象，我們可以寫成這樣：

◎一場電影的價格，就可以讓你學到職場前 3 年的經驗。

這樣改完，雖然「可理解性」增強了，但還缺少共鳴感，因此，我們可以再加點主觀的情緒在裡邊：

◎一場邏輯混亂的電影爛片都要收你 200 元。或者，你可以花 200 元學習職場前 3 年的經驗。

這樣就加入了情感意義，每個人都有過看爛片的經歷，這就容易引發其認同感，增強同樣的價格獲取不同的價值的對比感知。

在引發共鳴這一點上，NIKE 的一些文案可圈可點，它更看重普通人在運動、比賽時的一些經歷。

◎裁判能決定你的成績，但決定不了你的偉大。

這個文案是 NIKE「活出你的偉大」系列廣告中的一個，會令人們想起生活中經歷的各種比賽，明明在賽前準備了很久，耗費了很多心血，但是裁判依然給了低分，結果並不盡如人意，可是那又怎樣！即便比賽成績不好，我們也依然能活出偉大的自己。

所以，我們在寫文案時，可以試著去尋找消費者記憶中的情境，然後在這個情境中為他們提供幫助，這樣的文案才能讓他們產生共鳴。

三、深入消費者日常生活

一個成功的文案必定是深入消費者日常生活，或與消費者的生活密切相關的。在這方面，我一直對支付平臺的海報文案推崇備至。它在前幾年就已成為滲透消費者生活各方面的超級APP了。

讓我們回顧一下該支付平臺的宣傳海報文案。

◎千里之外每月為爸媽按下「水電費」的支付鍵，彷彿我從未走遠，為牽掛付出，每一筆都是在乎。

每一筆付出，都是因為「在乎」。這一段文字，勾起人們心中最真摯的情感，無形中吸引大家把每一筆「在乎」都記錄進生活裡。

03 杜蕾斯教你用想像力寫文案

法國唯物主義哲學家德尼．狄德羅（Denis Diderot）曾說：「想像，這是一種特質。沒有它，一個人既不能成為詩人，也不能成為哲學家、有思想的人、有理性的生物，也就不成其為人。」世界著名物理學家阿爾伯特．愛因斯坦（Albert Einstein）也曾說：「想像力比知識更重要。」對於文案創作者來說，想像力至關重要。一個充滿想像力的文案，往往能勾起消費者的好奇心從而促使其消費。

若要說把想像力發揮到極致的，非全球知名保險套品牌杜蕾斯莫屬。2018 年，杜蕾斯推出的詩集屢屢創造話題，不少人大呼「杜蕾斯寫給夏天的文案，讓我看『詩』了」。

◎象限遊戲

我 180° 地躺，你 90° 地坐，搭一架，只有一二象限的座標系。

◎理想方位

雖說夜間一前一後，但永遠要比肩前行。

除了夏日詩，杜蕾斯還推出一波與夏天相關的海報文案，這想像力真的是太精采了，只可意會不可言傳，大家自行發揮「想像力」。

其中一張海報上是一支正在融化的冰棒，冰棒上有杜蕾斯的品牌 Logo，文字是這樣的：

◎喜歡你吞吞吐吐一臉滿足

喜歡被你包裹在口中，溫度剛剛好！糟糕！在你身體裡我慢慢變小。

還有一張海報上是一瓶可樂，瓶身上印有杜蕾斯的品牌 Logo，文字是這樣的：

◎一見你就開心地冒泡

喜歡你滿頭大汗，想要我的模樣。嗝～你嘴裡有我的味道！

文案如此出彩，也難怪杜蕾斯賣得那麼好。

看到這些「妙不可言」的文案，我們不禁感慨，自己什麼時候才能創作出精采的文案來。我們很清楚，如果只是一味地收集、模仿，並不能真正提升想像力、提高文案創作技能。

那麼，到底有沒有提升想像力的方法呢？當然有了！接下來我們就分享一些提升「浮想聯翩」的能力、增加文案「好奇感」的方法：

一、累積豐富的學識和經驗

能夠想到其他人想不到的東西，其基礎，真的就是「見多識廣」、「博聞強識」，一個孤陋寡聞的人是很難產生奇想的。我們要將已有的知識、表象和經驗進行改造，重新組合，然後創造出新形象。比如，要創造一個「人在天上飛」的場景，東方人一般會在人下面加上雲彩，而西方人則會在人身上加對翅膀，我們要吸收不同的創造方式。

二、要善於把不同種類的表象重新組合，使其形成新的形象

這裡建議大家充分運用外感官和內感官：外感官即視覺、聽覺、味覺、嗅覺、觸覺五感，內感官則是內視覺、內聽覺、內感覺。透過外感官，我們的大腦獲得外界資訊並儲存起來，當需要提取和呼叫這些資訊和資料時，就用內感官進行「再造想像」和「創意想像」，多角度去感受外在世界，重組自己的內心世界。

三、要善於把同類對象的普遍特徵分析出來，然後重組成新對象

「阿 Q」的形象就是魯迅先生用這種方法想像出來的。阿 Q 的原型不是一個人，而是嘴、臉、衣服，個人特徵都在不同城市生活的，一個拼湊起來的角色。

四、要善於把某一領域的性質擴展到更大的範疇，也就是我們常說的「誇張」

比如，我們見到一個長腿妹妹，那怎麼形容她的特點呢？「脖子以下全是腿」是不是比「她的腿很長」效果好多了？再比

如，一個美容院的廣告文案是：「請不要和剛剛走出本院的女人調情，她或許就是你的外祖母」……

五、一定要關注生活，要勇於聯想

創作來源於現實，又高於現實。某年暑期某部非常紅的電影，就給出了一個極富想像力的挑戰命題：一個月內如何花光十億？不能留下任何資產、不能用於慈善或者捐贈、不能買古董名畫將之銷毀，只能在法律許可範圍內使用這筆錢，這筆錢還必須都花在自己身上。想想花錢也是個技術活呢！快鍛鍊下你的想像力。

04

想要傳達的亮點，只需一個就夠

一款產品會有很多賣點，比如技術、品質、材料、包裝、價格、服務等。做文案最忌諱的，就是把所有的賣點都羅列在一個文案上，太多的賣點，反而等於沒有賣點，因為沒有重點。

但凡成功的廣告文案，無論是平面廣告還是電視廣告，都不會突出很多賣點。譬如，想要色彩表現力很棒的相機我們會想到富士、想吃到口感絲滑的巧克力第一選擇就是德芙……這都是產品提煉和強化核心賣點的效果。我們要精準提煉出產品三、五條賣點，這樣撰寫出來的文案才不會平平無奇或者一堆亂麻。

成功的賣點最應該具有的特質是差異化，這樣對消費者才有較強的吸引力，也有分辨度，但絕不能為了達到賣點差異化而無中生有、譁眾取寵。好的賣點必須經得起推敲，要有事實作為支撐。比如某精油的廣告語：

◎選用阿爾卑斯山的獨特雪水，還有來自斯里蘭卡的珍貴玫瑰花瓣，經過 108 道手工程式才製作出一瓶玫瑰精油。

材料的來源和手工程式就是此精油獨樹一幟的賣點。在手工產品大熱的趨勢下，突出原料的天然和手工程序的複雜，無形中增加了消費者的信賴感和認可度。

你要突出產品的價格優勢，就要找出有無享受稅收減免、環保補貼、電費減免等政策；你要突出產品的價值優勢，就要從使用週期更長、使用效率更高等方面著手；你要突出產品的物流優勢，就要看看是否可送貨上門或者產品運輸過程是否可追蹤；你要突出產品的服務優勢，就要強調可免費試用或者可售後上門服務等。抓住內容行銷亮點的人們，可以贏得持久的關注和支持，賺得盆滿缽滿。

概括來說，產品賣點包裝的基本要求就是：說別人沒想到的、說別人沒說過的、做別人沒做過的。

賣點，還是一個不斷更新和循環的過程。市場在變，消費人群在變，面對不同的社會大環境和不同的群體需求，賣點的側重點也會不同。我們要牢記，對消費者有實際意義的賣點才能打動消費者。

拿旅遊行業來說，針對不同的群體需要包裝不同的產品，在文案寫作上更是要突出不同群體的喜好。比如，針對老年人，應該側重於休閒養生；針對年輕人，應該側重於新鮮刺激；針對情侶，則需側重於浪漫甜蜜。也就是說，同樣的目的地、同樣的活動，我們要提煉出不同的賣點，以適應不同的消費族群的需求。

下面為大家分享三種非常實用的提煉產品亮點的方法。

一、九宮格

拿一張白紙，用筆畫出九宮格，中間一格寫上產品名稱，其他八格填上可以提升其銷售的賣點。寫好之後，如何運用就需要我們仔細推敲了。拿行動電源來說，如果我們的產品針對的對象是年輕人，那是否可以提煉出年輕人喜歡「外貌協會」的特質？如果我們販賣的行動電源擁有和競爭對手一樣「容量高」的特質，那我們是否可以主推其「輕薄」、「攜帶方便」等差異化的特點呢？本著具體問題具體分析的原則，可以從九宮格中選取所需賣點。

二、延伸法

把產品說明書上的特點全部照抄下來，然後將每個特點加以延伸。這樣說可能有點抽象，就好比一個杯子，它的外觀非常好看，從這一點我們可以延伸出「你和網紅照片的距離，就差一個杯子」，是不是更有吸引力了呢？

三、三段式

這是仿新聞學中的「倒三角寫作法」。首先是精要地濃縮產品要點，因為大多數人沒有耐心看完冗長的全文；其次是列出已提煉的核心賣點，給予詳細說明；最後是「鉤子」，主要任務是讓消費者下單購買，這裡可以強調價格優勢。總結成三句話就是：看我、為什麼買我、必須買我！

此外，提煉亮點還有一個很重要的前提是品牌定位，定位準了，點也就亮了，人也就被吸引了。有個網路綜藝節目被全民捧紅，從播出到最終完結都備受關注。作為該節目贊助商之一的酒商，自然不能放過這個大好機會，專門為該節目裡幾名成員拍攝了幾支廣告片。

◎微醺，就是做回軟軟的自己。

◎也許我狂野奔放，嚮往流浪，但獨處時，始終會有小女生的一面。木蘭也愛對鏡貼花黃，而我擁有自己的小甜蜜。微醺，就是把自己還給自己吧。

◎微醺，就是眼神變得迷離，夢想卻變得清晰。

◎微醺，就是釋放自己心底的熱情吧。

◎微醺，就是做好自己就好了吧。

著名影星也為該酒商拍攝了一支少女暗戀廣告，將暗戀中的小心思詮釋得淋漓盡致。對於很多處於暗戀階段的女孩來講，有很強的代入感。

真是莫名啊，在這杯酒之前，好像也沒那麼喜歡你。所以，3%的酒精也會讓人變得小心眼嗎？連一句開場白都想不好，我想我是醉了吧。讓我臉紅的，究竟是你，還是酒呢？

這些光鮮亮麗、自信滿滿的美麗女子在獨處時，竟然也和我們普通人一樣，有著許許多多類似的情緒與小心思。

酒商的這款酒類產品，品牌定位為「一個人的小酒」，主打「將自己還給自己」，瞄準目標使用者「1990 後出生的人」。1990 後出生的人步入職場，面臨著工作和生活的雙重壓力，少了很多自由支配的時間，也沒有很豐厚的收入，在家以外的地方總是帶著某種束縛和無奈，職場上的應酬和各種複雜的人際交往著實令人心累。

宅在家是大多數 1990 後出生的人喜歡的休閒方式，不管生活與工作壓力多大，回到家窩在屬於自己的那一方小天地裡，拉開冰箱，拿出零食，打開啤酒，用似醉未醉的方式進行著最好的放鬆。那些暗戀的心思、任性的吐槽都在微醺後更加清晰，不用想眼前的苟且，就想將今天的情緒發洩。該酒商的文案寫出了「1990 後」獨飲也快樂的特立獨行、隨性而為的生活態度，因此該品牌收穫了一大票「1990 後」的喜愛。

所以，找對了賣點，找準了定位，還怕消費者不買帳嗎？

05 好文案，說出使用者心中的那句話

某知識型影片脫口秀創始人曾說：「在網路時代，生意得有交情才行。」從文案撰寫的角度來說，就是需要消費者對我們的品牌有好感。我們與消費者的關係要超越「商家和顧客」，讓對方感受到我們的真情實意。

身為一個文案撰寫人，要把自己定位為消費者，切身感受對於某類產品的需求，找到痛點，這樣寫出來的文案才能讓消費者產生共鳴。

2015 年，全聯超市曾推出過一波文案，直指年輕人的心：

◎來全聯不會讓你變時尚，但省下來的錢能讓你把自己變時尚。

◎真正的美，是像我媽一樣有顆精打細算的頭腦。

幾乎所有的消費者都有「貪便宜」的心理 —— 花最少的錢，買最好的東西。同樣的東西，我們會貨比三家，找到價格最優惠的。全聯超市的這一系列文案就恰恰切中了這一痛點。你想精打細算，來全聯超市！你想省錢，也來全聯超市！無形中讓消費者形成一種認知：全聯超市的東西便宜，能省下很多錢。所以，當大家需要買東西時，自然會去全聯超市。

為了讓文案散發出「情感氣息」，一個很好的方法就是講故

事。眾所周知，New Balance 是擁有專屬工廠的國際化運動品牌，它最大的亮點就是手工製作。基於這一特性，New Balance 推出了一部宣傳影片，以「音樂教父」李宗盛製作木吉他的歷程，暗指 New Balance 的鞋匠製作鞋子的過程。以下是摘取自影片中的部分文案：

◎人生很多事急不得，你得等它自己熟。

我二十出頭入行，三十年寫了不到三百首歌，當然算是量少的。

我想一個人有多少天分，跟出什麼樣的作品，並無太大的關聯。

天分我還是有的，我有能耐住性子的天分。

人不能孤獨地活著，之所以有作品，是為了溝通。透過作品去告訴人家：心裡的想法、眼中看世界的樣子、所在意的、所珍惜的。所以，作品就是自己。

所有精工製作的物件，最珍貴、不能代替的，就只有一個字——「人」。人有情懷、有信念、有態度。所以，沒有理所當然。就是要在各種變數、可能之中，仍然做到最好。

世界再嘈雜，匠人的內心，絕對必須是安靜、安定的。面對大自然贈予的素材，我得先成就它，它才有可能成就我。

我知道手藝人往往意味著固執、緩慢、少量、勞作。但是，這些背後所隱含的是專注、技藝、對完美的追求。所以，我們寧願這樣，也必須這樣，也一直這樣。

為什麼？我們要保留最珍貴的、最引以為傲的傳統文化技藝。一輩子總是還得讓一些善意執念推著往前，我們因此能願意去聽從內心的安排。

專注做點東西，至少對得起光陰、歲月，其他的留給時間。

影片中每一句話都在講李宗盛對待藝術不可動搖的信仰以及「慢工」的精神，這一切都和 New Balance 的品牌精神不謀而合。在李宗盛製琴與 New Balance 製鞋的鏡頭切換中，我們在被「音樂教父」的專注和堅持所打動的同時，是不是也把 New Balance 的「極度舒適的穿鞋感受」深刻地印在了腦海中，並且堅信不疑地相信它的品質呢？

06

應該準備多少文案才可以安心

我們總是煩惱為什麼寫出來的文案沒人看；

我們總是懊惱文案的轉化率為什麼這麼低；

我們總是羡慕創意會上別人說出的好點子；

我們對獲獎廣告作品頂禮膜拜 —— 這麼厲害的創意我怎麼想不到？

……

機會是留給有準備的人的。文案不能打動人，相當程度上就是我們學得不夠多、看得不夠多、運用得不夠多，這和寫作中的「詞窮」一個道理。

絕大多數人的創作是從模仿開始的。俗話說，「熟讀唐詩三百首，不會作詩也會吟」。所以，要想讓自己的文案功力大長，大量收集廣告案例，是我們第一步要做的事情。

有些人會爭辯「我天天看廣告啊」，可是你吸收和消化了嗎？看了之後能為己所用才是王道，否則看再多也是白搭。下面就為大家提供一些收集廣告文案並整合分類的方法，以作參考。

一、依照產品類別分

比如，衣服、汽車、首飾、日用品等。你所服務的產品屬於哪種類別，就把這個類別的所有文案放在一起，這樣不僅可以學習同一類別的產品切入的不同角度，還可以幫助我們知道競爭對手在宣傳什麼，從而了解他們的行銷策略，及時應對。

同時，我們還要蒐集其他類別產品的文案。因為屬性不同，文案的形式和調性也不同，了解其他類別產品的文案，可能會使你產生新的思路和靈感。

二、依照文案所在媒介分

比如，標題文案、廣告語文案、手機簡訊文案、電視文案等。因為投放於不同的媒介，其撰寫手法也有所區別。比如，手機簡訊文案以短小精悍見長，標題文案以抓人眼球為著重點。

三、依照品牌分

這種分類方式有助於我們了解某一品牌從最開始到時下的整個策略，可以深入了解這個品牌的定位以及對應的行銷推廣方法。有針對性地蒐集整理某一品牌的文案，可以培養我們的策劃大局觀。

有了文案儲備，我們還要關注行業的發展趨勢，了解最前沿的觀點以豐富自己。到這裡為止，我們依然無法成為文案高手。我們還要不斷地修練，不能把眼光只停留在技術和技巧層面，我們應該擁抱生活、洞察生活，從生活中汲取創造的智慧，這樣才能真正打通文案創意的任督二脈。

在大量收集廣告素材的時候，我發現寫親情的文案實在太多，尤其是每年母親節、父親節時都會出來一波。而在千篇一律的親情文案中，能夠脫穎而出並感動大家的優秀作品，有一個共同點，那就是基於對生活的洞察。

◎陪伴常在·無距思念

我常在你明亮的眼睛中，瞥見自己的年少時光，像在照一面鏡子。你高揚的頭，像一隻小野獸。

你上學後，我每天的工作除了洗衣做飯還要收拾家。被你弄得亂七八糟的房間裡，我埋怨你不懂珍惜，你責怪我干涉過度。

人生是一場遊戲，在我面前，你時常悔棋，我也偶爾認輸。

我們的日子，就這樣在糾纏中漫漫相伴，大步向前。

直到你步入工作，有了自己的生活，我還是陪在你的身邊，只不過變得越來越小，小到可以住進手機、裝入皮夾，變成一個個小方塊、小紙片。

當我想你，我不再像一個母親，我更像一個貪戀遊戲需要陪伴的孩子，過去半生的歲月彷彿都消失不見，思念把我變回了小孩。

這則文案搭配動畫，短短 100 秒，描述了一個母親的大半人生。動畫主角是一個小女孩，但她其實是我們的母親。父母會在我們長大成人的過程中逐漸老去。我們離開了家，慢慢有了自己的生活，而父母會變得越來越黏人，就像小孩一樣。

雖是一則廣告，卻因為聚焦生活中的細節、描述情感的細膩變化而十分令人感動，因而宣傳效果也是非同凡響。

07

兩個法則教你理清文案的寫作順序

當我們接到文案任務時，別急著寫，就如「表白從來是勝利者的凱歌，而不是衝鋒的號角」一樣，在「成文」前，一切準備工作都是為文案的「誕生」而做。遵循文案寫作的固定順序，反而是我們「生產」出合格文案的捷徑。

只有了解產品能滿足消費者什麼需求，以及目標群體的特徵，我們才知道從哪些點來入手撰寫。推薦大家使用網路三原則：「使用者」、「需求」、「場景」。

我們舉個例子，夏天天氣炎熱，需要用紙尿褲的寶寶就會面臨一個問題 —— 屁股悶熱。為了讓寶寶舒服，紙尿褲的選擇就顯得尤為重要。在這個買紙尿褲的事件中，產品是紙尿褲，使用者是寶寶，消費者是媽媽，場景是夏天的寶寶感覺熱、出汗多。

這樣分析梳理後我們發現，媽媽們想要選擇一款舒適透氣的產品，這是主需求。根據使用者在特定場景下的痛點，我們還能找出材質是否健康、品牌可信度如何、是否有價格優惠這樣的次需求。那麼，我們的文案就可以以主需求為主、次需求為輔，有條理地進行創作。

我們首先要做的就是剖析產品或服務到底是什麼，然後分析它可以滿足哪一類目標客戶在什麼場景下的哪個主要需求，其他次要部分則為附加值。

如果你對文案寫作順序的認知還是不夠清晰，那你可以學學以下兩個法則。雖然這兩個法則屬於銷售技巧類，但同樣適用於文案創作。

一、費比模式，即 FABE 法則

F 代表特徵（Feature）：即產品的特質、特性。

A 代表優點（Advantage）：即產品特性發揮了什麼功能，可向消費者提供購買理由以及與同類競品相比的優勢。

B 代表利益（Benefit）：即產品優勢帶給消費者的好處，透過強調消費者能得到的利益激發其購買欲望。

E 代表證據（Evidence）：包括技術報告、消費者來信、報刊文章、產品演示等。產品具有足夠的客觀性、權威性、可靠性和可見證性，可以增加消費者的信任感。

諸如汽車、電子、家居、建材、工程機械等需要突出強調產品功能優勢的企業官方網站的產品介紹，都非常適合用費比模式進行文案寫作。

對於產品功能優勢不突出的同質化產品，費比模式不太適用，此類產品的文案寫作，建議採用愛達模式。

二、愛達模式，即 AIDA 法則

A 為 Attention，即引起注意；I 為 Interest，即誘發興趣；D 為 Desire，即刺激欲望；最後一個字母 A 為 Action，即促成購買。

我們都知道，文案工作的一個很重要的審查標準是轉化率，愛達模式弱化了產品功能，透過文案把消費者的注意力吸引或轉變到產品上，使其對產品產生興趣，有效提升了轉化率，特別適合快消品的文案寫作。

以感官刺激來吸引消費者的注意力，有一類人做得非常到位 —— 標題黨。說起「標題黨」，很多人都會一臉鄙夷，但存在即合理，我們不得不承認，在資訊大爆炸和閱讀碎片化的時代，「標題黨」寫的標題更加容易引起注意，並在實際傳播中更容易激發人們的閱讀欲望。

當然了，我們可以學習「標題黨」的方式擬一個噱頭十足的標題，但前提是，這個噱頭要基於現實，這樣才不會被人們反感。

比如，我們在前面說過的一個例子：

◎震驚！著名 LOL 玩家和 DOTA 玩家互斥對方不是男人，現場數萬人圍觀！

這本來是林俊傑和周杰倫同臺合唱〈算什麼男人〉，可標題卻說得火藥味十足，不僅引起了遊戲玩家的瘋狂轉發，吃瓜群眾也蜂擁而至，甚至有網友說「要為文案加錢，標題起得太厲害了」。

為什麼網友看完文章的內容之後也沒有反感？因為這個標題並不是憑空編造的，而是有事實基礎的：周杰倫曾被朋友曝喜歡玩英雄聯盟 LOL 遊戲，而林俊傑則被網友挖出喜歡玩 DOTA。

所以你看，能吸引人的好標題往往會有出其不意的效果，能迅速收穫 10 萬以上的閱讀量。

除了「標題黨」類型的文案，還有欲望展示型的文案，利用人性，完完全全地「吸睛」；也有巧用網紅體的文案，其中「臣妾做不到」雖然已經被用得人們都煩了，但還是經久不衰；還有用概念化的訴求寫廣告語來吸引受眾關注。

08

所有文案都需要具備的三要素

好文案絕對不是文案寫作者的自嗨，也不是考試作文要得滿分，而是讓大家立刻動身前往目的地旅行，或者是讓大家即刻點選付款，又或者是讓大家看著滿屏的廣告卻甘之如飴……。

我們的文案寫出來，是給消費者看的，他們關注什麼，我們就要寫什麼；消費者對什麼有強烈的共鳴，我們就要在標題和內容裡反覆強調什麼；消費者相信哪些權威，我們就要讓他們從頭到尾感受到產品的權威。從這個角度而言，文案寫作更像是「戴著鐐銬跳舞」。

好文案，必須要達到以下三要素。

一、主題明確

廣告文案中使用的文字要準確無誤，語言要通俗易懂，避免產生歧義或誤解。最重要的是，不管是一句廣告詞還是一張圖片，總要有一個明確的主題，突出你想讓大家知道的內容，不能讓人感覺「不知所云」，看了半天不知道你究竟在講什麼。

二、言簡意賅

大部分讓我們印象深刻的好文案都是簡單的幾句話，很少有長篇大論的，因為在這個碎片化閱讀的時代，簡潔尤為重要。我們要用盡可能少的文字表達出產品的精髓，吸引消費者的注意。

有些大品牌的宣傳語非常值得我們學習，比如：

◎所有的光芒，都需要時間才能被看到 —— 手機品牌

◎哪有什麼天生如此，只是我們天天堅持 —— 健身軟體

◎太不巧，這就是我 —— 運動鞋品牌

◎重要的不是享受風景，而是成為風景 —— 廚具品牌

◎你的能量，超乎你想像 —— 能量飲料

三、指出利益

文案必須直觀地告訴消費者：產品價值有哪些、產品能帶來什麼好處、什麼時候需要用到產品，以及如何使用產品才能讓它價值最大化。

為什麼必須要這樣做？因為從某種程度上來說，消費者購買的是產品價值，而不是產品本身。

非處方藥、某保健品品牌的廣告語，在這一點上做得非常到位：

◎補充大腦營養，促進骨骼生長，提高記憶力。

短短一句話，就把該產品能為消費者帶來的利益全部說出，而且朗朗上口。這種明確利益的廣告語就像是在消費者腦中刻下了一個烙印，消費者有購買這類產品的需求時，第一時間就會想到它。做到以上三點，你就是一個合格的文案寫手了。有人說了，我想要成為一個出色的文案人，而不僅僅是一個合格的寫手。那麼，如何才能做到優秀呢？

1. 擁有精準的洞察力

在我的印象裡，有某間已經形成品牌效應的女裝店，它的產品文案為它塑造了人格化的意識，吸引了很多有文藝情結的女孩。因為在這家店裡，女孩們能夠找到歸屬感。

對於該女裝店的文案，大家最熟悉的應該是下面這一篇。

你寫 PPT 時，
阿拉斯加的鱈魚正躍出水面；
你看報表時，
梅里雪山的金絲猴剛好爬上樹尖；
你擠進地鐵時，
西藏的山鷹一直盤旋雲端；
你在會議中吵架時，
尼泊爾的背包客一起端起酒杯坐在火堆旁。
有一些穿高跟鞋走不到的路，
有一些噴著香水聞不到的空氣，
有一些在辦公室裡永遠遇不見的人。

作為主打文藝風的女裝品牌，該品牌對於文藝女青年的心理簡直瞭如指掌，其洞察能力已經到了登峰造極的地步。在該品牌買衣服的女性，她們購買的不僅僅是有特色的衣服，更多的是一種獨特的身分和氣質。所以，在介紹衣服細節時，該品牌並沒有用簡單直白的常規性文字，而是走「隱形心理影響」路線，用目標消費者喜歡的語言來表達。

◎毛衣開衫的廣告語：

毛衣開衫，在暑氣剛剛消散的夏末初秋登場，不算厚，比起擁抱更像一劑輕撫。

◎錐形褲的廣告語：

作為一條錐形褲，幾條虛線割出來的獨特格子，疊加富有設計感的門襟設計，是不是太不正經了？嗨，管它呢，好看可比正不正經重要多了。

明明沒有直接說讓你購買，但是看完這些文案，你就是會從心底裡產生強烈的購買欲。這種文藝味道滿滿的文案令人嘆服，這也說明，高段位的文案使用的是隱性的心理影響，而不是所謂的技術性叫賣。

2. 擁有一個有趣的靈魂

某電競遊戲，是其公司獨立研發的一款移動端娛樂電競社交工具，其產品理念是「讓每一場比賽都更有趣」。

如果你有關注遊戲圈的動態，一定會被該品牌在小龍蝦店的特殊情景行銷所洗版。

其電競遊戲設在幾家小龍蝦店的廣告牌，沒有花哨的設計，僅憑單色背景加文案，跟場景結合到一起之後，就巧妙至極。其所有廣告語都和「寫作水準」沒有半點關係，口語閒話家常式的文案吸引無數粉絲。

當玩家兼顧客在小龍蝦店的門口排隊等位就餐的時候，該電競的市場行銷人員讓他們看這個：

「先生幾位？」
「四位。」
「好的，先排個位吧。」
（缺打野嗎？）

幾句簡單的對話之後，電競的廣告在廣告牌下方出場了——「缺打野嗎？」附帶上該電競的 QR Code。

根據廣告牌放置位置的不同，該電競的市場行銷人員也按照情景對文案進行了調整。

餐桌與餐桌之間的扶手兼隔板，相對於站立的人來說，位置較低，該電競的文案是這樣的：

◎這個地方比較低，需要蹲下來才能掃到 QR Code。

而在高低合適的位置，電競的行銷文案就會很開心：

◎這個不用蹲就可以掃到 QR Code。

對於位置較高的地方，電競的文案也會「皮」一下：

◎喂，下面的朋友，你們能掃到這個 QR Code 嗎？

目之所及，都是該電競的 QR Code，不管你是坐著、蹲著，還是站著，都有辦法讓你掃條碼。

不得不說，這種溝通方式非常受年輕人的歡迎。一本正經地做廣告實在是太無聊了，而這樣的廣告卻妙趣橫生，更能俘獲年輕人的心。

所以，如果不是有趣的靈魂，又怎能寫出這些文案呢？

最近很紅的土味情話吸引了很多人的關注，甚至有人說，「不會寫土味情話的廣告人不是好文案」。各大自媒體平臺集體，各種哏隨處可見，各路明星也無法抵制其魅力，紛紛加入其中。比如下面這個：

「你有打火機嗎？」

「沒有啊。」

「那你是怎麼點燃我的心的？」

從土味情話受到追捧的現象來看，越是普通、貼近生活的話，越容易引發全民狂歡。

所以，在創作文案的時候，大家不妨參考一下「土話」。

3. 移花接木式寫法

你相信嗎？好文案可以讓人明明知道有廣告、是廣告，還是會深陷其中無法自拔。而能寫出此類文案的大神一般都隱藏在普通的粉絲專頁裡，這樣的文案大多以業配文植入的形式出現。

某自媒體「網紅」，每篇文章的閱讀量都 10 萬以上。他的文章從各種獨特的角度重新解讀金庸小說，將家國天下、俠者情懷寓於其中，文筆幽默大氣，無論是引經據典還是插科打諢都信手拈來，甚是有趣，讓人興趣盎然一口氣讀到最後，結果發現竟然是廣告。明明被騙了，但粉絲們卻會心一笑，一點兒也不惱怒，還默默讚嘆「厲害！實在是太厲害了」。

這樣的文學修養和文字功底不是誰都具備的，所以哪怕最後發現是廣告，也阻擋不了粉絲趨之若鶩的心，更何況大神將廣告和正文完美融合，沒有一點違和感。

這樣的粉絲專頁不勝列舉，如果你對這種業配植入的文案寫作方式有興趣，可以多關注一些粉絲專頁，學習一下這些粉絲專頁作者的寫作思路。

第四章

實戰手記：
七個步驟寫出有效文案

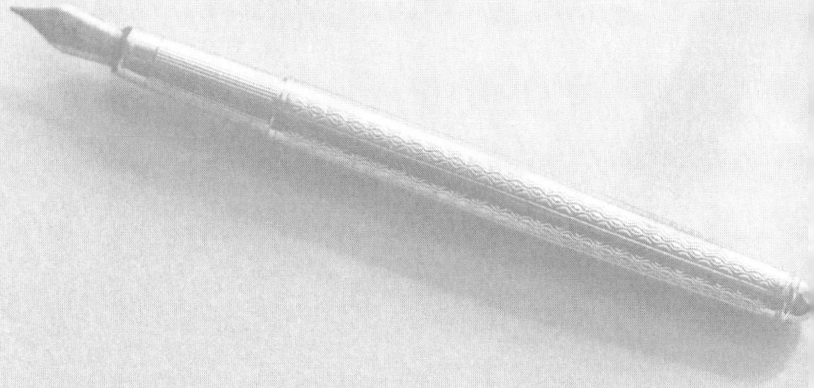

工欲善其事，必先利其器！文案人的「器」是什麼呢？是靈感！但文案寫作者不可能時時有靈感，那沒有靈感怎麼辦？就不寫了嗎？肯定不是。

沒有靈感也不用擔心，因為文案寫作是有邏輯和規律可循的。雖然每個人的寫作風格不同，但是一些通用的文案寫作技巧卻適用於所有人。只要掌握了這些技巧，把相關元素和環節訴諸筆端，就會形成一套完整的邏輯思維，靈感也許就會從中應運而生，寫出讓銷量翻 10 倍的超級文案。

01
真實案例，懂策略的文案才值錢

要想寫出一篇讓消費者看了就想買的文案，一定要選對的文案策略來指導文案寫作。一個優秀的文案人不僅可以透過洞察找到消費者的潛在需求，輸出一個絕妙的創意，還可以針對不同的受眾、不同的廣告平臺生成不同的文案策略，並根據實際情況擇優使用，以達到第一時間引起受眾注意的目的，繼而讓他們產生購買的衝動。

舉個例子，某個在行銷圈很紅的白酒品牌，每出一個文案，必然掀起洗版風暴。

◎青春不朽，喝杯小酒。

文案創作不是一蹴而就的，它需要一個創造的過程。在該品牌大紅之前，想要提升其品牌知名度、打造獨樹一幟的品牌標籤、被市場認可，文案創作者需要解決三個問題：

哪些群體會喝該白酒？

這些人在什麼情境下會喝？

他們喝的真的是該白酒的「本身」 —— 酒嗎？

既然是「青春小酒」，那其消費族群就是年輕人，他們面臨著畢業分別的離愁別緒、踏入社會的不知所措、初入職場的各種壓力……喝該白酒的場景則可能是同學聚會、個人排遣等。針對這一「具象」，該品牌每次的文案創作都緊緊圍繞著青春的屬性，刺激目標群體對於青春的感情，從而達到銷售的目的。

所以，做策略就要先提出問題，找到痛點。以下列舉了十則該品牌的文案：

◎我把所有人都喝趴下，就為和你說句悄悄話。

◎最想說的話在眼睛裡、草稿箱裡、夢裡和酒裡。

◎手機裡的人已坐在對面，你怎麼還盯著螢幕看。

◎畢業時約好一年一見，再聚首卻已近而立之年。

◎攢了一肚子沒心沒肺的話，就想找兄弟掏心掏肺。

◎友情也像杯子一樣，要經常碰一碰才不會孤單。

◎每天相處最久的同事，我們之間卻沒好好聚一聚。

◎老是說「空了一起聚聚」，其實不過是個拖延的藉口。

看了這些文案，內心是不是有些共鳴？因為這不是普通的文案，而是有洞察的文案。它將一些曾在年輕人腦海中盤旋過但未能說出來的話，表達了出來。文案寫作者正是因為對年輕人的心理非常了解，寫出來的文案才能如此「走心」，就像文案大師湯姆．湯瑪斯所說：「要對消費者有足夠深刻的了解，才能寫出打動人心的文案。」

這些文案，能賣多少錢？每一條，都價值百萬。

在這個世界上，賣東西的人每天都要接觸形形色色的消費者，但是很多人似乎從來沒有真正「看到過」消費者。比如，某蠶絲被的自娛文案是這麼寫的：給你皇室公主般的睡眠禮遇。

寫這個文案的人似乎並不清楚，沒有幾個人去過皇室，更別說在皇室裡蓋著這樣的被子睡覺了。所以，消費者到底青睞怎樣的產品、容易被產品的哪些賣點所打動、最終促成購買的關鍵因素是什麼等，都沒有被文案人「看到」。

文案人只有深入了解消費者的需求，並在文案中給予滿足，才能激發對方的購買欲。就像前述的白酒品牌，消費者已經形成了「可以趁著酒意把心裡話說出來」的慣性思維，所以朋友聚會、工作不順、分手失戀等情境下想要喝酒，首先就會想到該品牌。

由此可見，策略的制定要站在消費者的立場上。

舉個例子，某個提供高品質居住產品與服務的網路品牌，曾經出過一波成功的文案，主打的是大都市的白領人群，文案寫作者精準把握他們想要精緻的生活、體面的工作，但是錢包空空只能去住環境較差的房子的心理，所以，該品牌當時的文案是這樣寫的：

◎交了房租，只能餓著肚子加班；住宿太差，生怕同事說去家裡看看；想改善生活卻捉襟見肘？先睡再說！輕鬆月付，分期付款睡好房！

好的文案不是強人所難，而是要表達出消費者心中所想，讓他們覺得這其實不是廣告，而是在跟他們探討生活中的某一件瑣事，在為他們的某些問題提出可行的解決辦法。

文案的目的，就是滿足消費者的某種訴求。這就要求我們要設身處地站在消費者的立場上想問題：「如果我是消費者，會不會買？」以消費者的認知為導向，來制定文案策略。文案是代表了消費者的心理還是文案人的「自娛」，從這一點上可以判斷一個文案策略的好壞。

同時，透過文案對產品的包裝，讓消費者覺得這個產品能滿足他們的某種訴求，並且比同類商品的性價比更高，更有吸引力。

文案不是隨手就可寫成的，它的創作需要一定的思維推導。文案，是洞察、是溝通、是邏輯，也是統籌。那麼，什麼是統籌規劃？

統籌規劃，即透過對某產品的整體分析，包括對產品的物理構造的分析、產品特性與整體定位的分析、與同質化的競爭產品之間的差異分析、產品本身延伸出來的情感需求的分析等，按照需求導向和問題導向的原則，有針對性地對各種分析進行組合，得出應對相應市場的最優決策。

一個文案做好前期的策略制定後，接下來要做的就是統籌規劃。我們要把涉及目標人群購買欲望的各方面的因素加以整合，對目標人群的多樣性進行對比分析，並根據市場對商品需求的程度給出詳細的資料。而用資料說話，市場調研是關鍵。它能為文案創作者提供真實、具體的資料。

作為一個文案工作者，如果天天坐在辦公室裡冥思苦想，不僅不會有靈感，而且極易與市場脫軌。既然文案是為了喚醒消費者的需求，那我們就應該親自到市場走訪，面對面地接觸消費者，與他們近距離溝通，觀察他們的行為，這樣才能提高自己對市場的敏感度，並更好地了解消費者。

消費者為什麼會選擇這家的產品，而不是別家？這需要我們去做市場調查才能搞清楚。就拿乳膠枕為例，如果你來到消費者的購買現場，會發現他們經常問「製作枕頭所用的乳膠是天然的嗎？」、「要如何清洗？」、「一般使用壽命是多長時間？」之類的問題。消費者的關注點，不是我們坐在辦公室裡想出來的，而是我們去調查市場並透過統計資料得到的。文案創作最忌諱「想當然」，因為文案創作是個人行為，難免有主觀傾向，所以我們一定要對市場進行多樣化樣本的調研，認真收集分析資料，作出正確實用的資料調查表。只有冷冰冰的、不會撒謊的調研資料，才能證明統籌規劃的正確性、減少文案策略的失誤，進而保證行銷策略的順利實施。

我們一直強調，文案的最終目的是為了銷售，所以光會調研市場遠遠不夠，還必須懂行銷推廣、懂品牌定位、懂廣告管道，更要懂策略。這就要求我們把市場調研和企業策略、行銷策劃緊密結合，環環相扣。而且，在調研過程中分析問題要深入本質，而不是只做表面功夫，只有這樣做出來的市場調研報告才務實，和行銷緊密結合後才能提高產品轉化率，為企業帶來效益。

02
五大高效蒐集法，永遠都有內容可寫

很多人不會寫文案，或者寫不出令人耳目一新、傳閱率高的好文案，其中一個很重要的原因，就是他們腦海中累積的相關素材太少。無話可說、無事可寫，或是辭藻華麗卻空洞無意義，或是邏輯混亂辭不達意，搜腸刮肚也沒有一個好的立意，寫出來的文案更像是無病呻吟，怎麼可能吸引消費者？

所以，一個優秀的文案人，必定在腦海中有一個關於文案素材的寶庫。這裡面的「財寶」需要平時不斷蒐集、累積，也要不斷更新、修正。那麼，如何有效建造文案寶庫呢？接下來就教你像偵探一樣蒐集你想要的材料：

一、認真觀察，生活是寫作的泉源

我小時候聽過一個腦筋急轉彎，問什麼東西看不到摸不到，但是卻時時刻刻存在於每個人的身邊，答案是「空氣」。就我們廣告人而言，這個問題的答案就變成生活了。

我們要做生活中的有心人，學會觀察和思考。我們身邊發生的事，有時候就是很好的寫作素材。在公司、在學校、在家裡、在路上、在商場、在電影院……在不同的場合會發生不同的事情，我們要做的就是不要對周圍所發生的事情習以為常，而是要細心觀察，認真記錄。因為很多事情都是和消費者的心理活動、消費習慣相關的。我們不妨隨身帶一個小本子，將遇到的新鮮事、聽到的故事、碰到的有趣的人，都記錄下來，並且時常翻看。

寫日記是一種成本非常低的獲取素材的有效方式，古今中外有很多文學大家都推崇這一方法。俄國小說家安東・契訶夫（Anton Chekhov）就說：「作家務必要把自己鍛鍊成一個目光敏銳永不罷休的觀察家！要把自己鍛鍊到讓觀察成為習慣，彷彿變成第二個天性。」世界文豪列夫・托爾斯泰（Leo Tolstoy）堅持寫日記 51 年，毋庸置疑，日記中的眾多素材為他的名篇提供了很大幫助。

這裡要叮囑大家的是，寫日記的時候，一定要加上自己對於某件事或者某種社會現象的感受和評價；或是贊成或是反對；或是議論又或是抒情，都要寫出自己的想法。這樣日記才能發揮最大的效用，不僅能加深我們對這些素材的印象，而且可以培養我們觀察事物和分析問題的能力。堅持天天寫日記，久而久之，素材寶庫就會得到充實，自己的寫作能力、觀察能力、分析能力也會在潛移默化中提高許多。

總而言之，生活是寫作的泉源，我們不僅要觀察那些細微的瑣事，也要關注文化、軍事、經濟、政治、娛樂等各方面的大事，利用好生活這個取之不盡，用之不竭的大寶庫。各種元素的整合發酵會為我們的文案撰寫提供意想不到的幫助，比如跟風就是文案寫作中的一個非常有效的包裝技巧。在日常生活中，我們可以多關注自己的產品能否和熱點結合起來。還有一種就是蹭名人，隨時關注我們的產品是否被哪個名人使用了，那絕對是一個非常好的契機，比如「連 ××× 都在使用的……」利用的就是名人效應。

二、在紙質與電子、現實與網路中碰撞，累積素材

英國小說家丹尼爾．笛福（Daniel Defoe）53 歲的時候，機緣巧合在某雜誌上讀到一個故事：一個水手因為和船長發生衝突，被扔到了一個人跡罕至的荒島上，獨自在那裡生活了四年之久，後來幸運地遇到一個航海家才被帶回英國。這個素材帶給笛福極大的啟發，於是他以這個故事為大框架，結合自己的一些經歷，撰寫出了轟動世界的文學名著《魯賓遜漂流記》（*Robinson Crusoe*）。這本書一經上市，就受到讀者的熱烈歡迎。

所以，我們想寫出好文案，就要不停地累積素材。除了上面提到的觀察生活，我們身邊的紙媒上也有很多好素材，比如書籍、雜誌、報紙等。此外，還有一些電子載體也不容忽視，比如自媒體粉絲專頁、各類與寫作相關的 APP、電視、電臺、廣播等。它們的內容豐富多彩，不僅可以作為現實生活的實錄，帶你見識更廣闊的世界，還能讓你及時了解時下發生的新聞資訊。我們在看、在聽、在了解這些文案寫作素材的同時，還要手勤，及時做好讀書筆記。

1. 大量閱讀

我們只有大量閱讀，才能擴大知識面，為文案寫作累積更多的素材。詩聖杜甫就曾在〈奉贈韋左丞丈二十二韻〉中寫道：讀書破萬卷，下筆如有神。累積大量的知識，寫作的時候就會如有神助。另外讀書不要挑三揀四。「只看一個人的著作，結果是不大好的！你就得不到多方面的優點。必須如蜜蜂一樣，採過許多花，才能釀出蜜來，倘若叮在一處，所得就非常有限。」這是魯迅先生的話，意思一目了然，就是要看不同的人寫的書，才能學到多方面的知識，才能讓自己有多方面的提升。

網路上的文章也要大量閱讀。現在自媒體平臺很多，我們不能僅僅局限在文案的垂直領域，其他諸如時尚穿搭、知識充實、唐詩宋詞、幽默趣事等類型的自媒體，也要涉獵，因為它們可以為我們提供不同的養分。不同的文風、不同的角度、不同的題材、不同的態度，能讓我們學習到不同的文案知識；不同的觀念碰撞，才能開闊我們的視野、打開我們的思路。

2. 有目的地摘錄

閱讀需要我們用眼睛去看，而摘錄則需要我們用筆去記，用腦子去分析哪些素材對我們有用。

在進行大量閱讀的過程中，難免會遇到龐雜的知識，我們要學會取其精華，去其糟粕，有針對性地選擇對我們有用的素材。法國雕塑家奧古斯特．羅丹（Auguste Rodin）講過一句話：

「美是到處都有的。對於我們的眼睛，不是缺少美，而是缺少發現。」同理可得，文案素材也是到處都有，主要看我們是否善於發現、蒐集和整理。不要只為了充實我們的「庫存」才去閱讀，而要保證放進「寶庫」的每一個素材都是有用的、有價值的。同時，有針對性地摘錄，能無形中培養我們的思考能力和提煉重點的能力，對我們的文案寫作也是益處多多。

3. 寫好讀書筆記

英國作家波爾克曾說：「讀書而不思考，等於吃飯而不消化。」做讀書筆記就是一個消化知識的過程，更是我們將其化為己用的過程。它是知識素材的一種延伸、一種昇華，是我們在這些素材中有所收穫的一個重要途徑。

寫讀書筆記，就是透過這些知識素材，結合自己的經歷，把認知、感想、啟發等表達出來。雖然耗費精力和時間，但卻是最有效的提高寫作水準、吸收知識養分的一種方式。

實踐證明，蒐集素材重要，把素材化為己用更重要。如果只是走馬看花地閱讀，而不是深讀、透讀，那麼時間一長，知識就會如同過眼煙雲，不會在我們大腦中留下一點痕跡。

要把看到的好素材消化、吸收，就得學會做讀書筆記。同時，我們也可以透過讀書筆記的方式，將一本書或者一篇文章的脈絡進行分析、概括、總結，這和撰寫文案大綱有著異曲同工之妙。

三、從實踐經驗、親身感受中獲取素材

蘇聯著名作家馬克西姆．高爾基（Maxim Gorky）提倡寫作要寫自己的親身經歷和感受，他說過這樣一句話：「誰想當作家，誰就應當在自己身上找到自己。」在自己親身實踐的活動中累積素材，是蒐集材料的又一重要途徑。

這就是說，要以我們自己為核心，以親身感受來作為獲取素材的方式。比如做志工幫助他人、參加企業拓展訓練、採訪某位社會人士、參觀一個工廠或美術展等。拿參觀工廠來說，我們最好在去之前先做好功課，對工廠的生產規模、發展歷史、品牌知名度等，有一個大概的了解。然後在參觀時有意識地留心腦海中的「為什麼」以及一些細節。

在這些實踐活動中，我們既能了解社會、豐富閱歷，也能為產品的行銷推廣累積更多的寫作素材，一舉兩得。

四、使用者回饋是最神奇的文案素材

我們要明確寫文案的目的，是讓消費者相信，選擇我們的產品是對的。那麼我們在寫文案時，不妨藉助使用者回饋來對文案進行包裝。有使用者真實回饋的文案，不會顯得我們是在自吹自擂，會增加產品優點的真實性，更容易讓人信任，從而鼓動起消費者的購買欲。

從使用者的回饋中提取文案素材，我們可以從以下兩個方面入手：

1. 自身真實案例

使用者自己的真實案例，是非常容易贏得其他消費者信任的。自己確確實實經歷過「產品」每個細節的使用者，對產品更有發言權，我們在向其他消費者推銷的過程中也就更有信心。

這種方式常見於微商以及一些線上培訓課程。做微商的人大多自己親身使用過產品，會把自己的使用感受透過網路分享給大家，並且有針對性地提出建議，非常容易贏取其他消費者的信任。線上培訓課程，其授課人通常是一個在某領域不斷成長並取得成功的人，課程內容多是根據親身經歷提煉出來的經驗，很容易得到受眾的認可。

2. 消費者的評價回饋

消費者的評論回饋很重要，不一樣的人對同樣的產品會有不同的感受和評價。經常關注不同消費者的使用回饋，我們會發現很多意想不到的新點子。同時，消費者的回饋也是產品各方面體驗感的強大「背書」，可以有效提升產品的可信度和美譽度。

這種回饋又稱之為 UGC（User Generated Content，指使用者原創內容）。這一點上，某音樂平臺用得爐火純青，大量優質的 UGC 輸出，讓它的使用者呈現井噴式增長。

該音樂平臺策劃一場名為「看見音樂的力量」的行銷推廣活動，來自音樂平臺點讚數最高的 5,000 條優質樂評，印滿了城市裡所有車站。它不僅迅速引爆社交網路，掀起一場浩浩蕩蕩的洗版活動，而且經過幾天的發酵之後，該音樂平臺在 App Store 音樂分類榜單上的排名迅速從第 3 名攀升為 Top1。

其實，那些出現在地鐵上的金句並不是該音樂平臺官方文案人所作，而是來自使用者的熱門樂評。這些普通使用者輸出的內容恰恰代表了大眾的想法，真情實感讓無數人為之動容。這些文案走進了使用者的心裡，說出了他們內心想說的話，驅動著他們心甘情願地傳播、分享和轉載。大基數的使用者自動轉發勝過一切刻意的廣告。

以下是該音樂平臺一些優質 UGC 樂評，大家可以感受下，相信總有一個能打動你，這就是這波文案的魅力。

◎多少人以朋友的名義默默地愛著！

◎一個人久了，煮個餃子看見兩個黏在一起的也要將它分開！

◎十年前你說生如夏花般絢爛，十年後你說平凡才是唯一的答案。

◎校服是我和她唯一穿過的情侶裝，畢業照是我和她唯一的合影。

◎最怕一生碌碌無為，還說平凡難能可貴。

◎小時候刮獎刮出「謝」字還不扔，非要把「謝謝惠顧」都刮得乾乾淨淨才捨得放手，和後來太多的事一模一樣。

◎我想做一個能在你的葬禮上描述你一生的人。

◎理想就是離鄉。

◎喜歡這種東西，捂住嘴巴，也會從眼睛裡跑出來。

五、同行業素材收集

這是一種蒐集文案素材最有針對性也最有效的方式。我們可以透過同行業的社交媒體平臺，以及他們的廣告內容去收集素材。這樣不僅可以及時了解競爭對手在做什麼，也可以為我們帶來啟發和靈感。爭取對素材做到侃侃而談，看到一個案子，腦海中至少能想到三、四個類似的案子。同時，我們還要關注不同國家、不同年代、不同載體的各種廣告素材，因為它們必有可取之處，可能會為我們帶來意想不到的收穫。

03

三招十一式，找準文案要傳達的點

文案是宣傳推廣產品的重要方法，了解產品則是文案創作過程中的重要環節。對產品的了解程度，直接關係到文案的優劣。很多知名文案人在撰寫文案之前，都會花費很長時間透過各種方式去了解產品的各方面。

可能有人會問，為了幾句文案如此大費周章，值得嗎？答案是，值得！因為絕大多數時候，深入了解產品會讓你有意想不到的收穫。

一、了解產品的作用

1. 全方位了解產品，可以幫助我們在短時間內做出文案大綱

我們了解產品，要了解它的起源、發展歷程、功能、適用人群等，這都是一個合格的文案人必須主動去蒐集的資料。

舉個例子，我們要做一個烤箱的文案，就要對烤箱的尺寸、外觀顏色、面板材料、功率大小等各個方面瞭然於心。這不僅可以為文案撰寫提供多元化的切入點，而且可以讓我們在為客戶介紹產品時「如數家珍」。

2. 產品反反覆覆宣傳推廣，怎樣才能有新意

想必不少文案寫作者都有同樣的苦惱，因為產品翻來覆去

地推廣，極易引起受眾的反感，撰寫文案的人也常面臨挖空心思也很難找到新的切入點的窘境。

但也有一部分人不會有這個困擾，因為他們對產品的了解達到了令人震驚的地步。業界一位著名策劃人說：「我對產品的了解，比對自己的了解還要多，用來描述它的話可以說 3 天！」

當然，對產品的了解也不是一成不變的，我們要與時俱進，根據時下的熱點或者消費者行為的改變，重新認識產品，盡可能多地挖掘產品亮點，這樣的話，寫出 100 種「姿勢」不同的推廣文案也不是沒有可能。

3. 細節決定成敗，「蛛絲馬跡」或成文案爆點

在了解產品的過程中，我們不一定能一下就抓住關鍵資訊，這需要我們不間斷地去挖掘產品特性，不放過任何「蛛絲馬跡」。普通文案和頂級文案之間的差距也許就在這裡。

細節決定成敗，我們要對產品深入了解，發現那些容易被人忽視的優勢，並賦予其生命力，一篇獨具匠心的好文案就誕生了。

二、怎樣才能了解產品

1. 化身使用者親自感受

了解產品最好的方式是把自己當作普通使用者，親自使用產品，並記錄下自己的真實感受。最重要的一點就是，千萬

不要看產品介紹，因為先入為主的觀念會阻礙我們發現新穎的點。

當我們轉變角色，以一個使用者的身分去感受產品時，往往能發現一些站在文案撰寫人的立場上發現不了的亮點。親自感受不僅能讓我們快速找到產品的優缺點，還能讓我們寫出來的文案更真實。

2. 尋根溯源，多問幾個「為什麼」

親自使用過產品之後，你就會對產品有一個大概的了解，但這並不夠，你還需要弄清楚幾個問題。這些問題包括但不限於下面幾個：

為什麼要做這個產品？可以從市場、使用者需求以及公司策略等方面考慮。

該產品的主要受眾群體，即目標使用者是哪些人？

該產品主要的賣點有哪些？

該產品可以滿足使用者哪些方面的需求？

該產品在市場上最大的競爭力是什麼？

該產品現在的銷售情況如何？

使用過的使用者對該產品有什麼回饋？

為了保證得到的答案是真實的，你要找直接參與產品某個生產環節或者對該產品影響較大的人群進行交流。比如當初決定開發這一產品的領導者、負責產品包裝的經理、第一線銷售人員等。在與他們交流的過程中，你可以得到很多在產品介紹上看不到的資訊。

3. 用專業的眼光審視產品

經過前面兩步，你對產品已經有了相當深入的了解。接下來，我們可以從文案撰寫的角度來思考這樣幾個問題：產品要傳達的是什麼樣的理念？產品特性是否可以用視覺化的語言來描述？價格上是否比同類競爭產品更有優勢？你可以拿一張紙，把所有關鍵點都寫下來，這有助於你快速精準地挖掘出產品的核心賣點，再用恰當的文字將產品的賣點寫出來。

要寫出一個「精準」的文案，深入了解產品只是其中一個重要環節，了解目標客戶是另一個重要環節，兩者相輔相成，共同為一份優秀的文案貢獻力量。接下來，我們要詳細說一下如何了解目標客戶。

三、了解目標客戶

1. 產品的目標群體有哪些特徵

當我們對產品有了足夠的了解，並挖掘出產品的特點，接下來就要找出哪些人群對這些特點有需求，從而鎖定目標客戶群體。

舉例說明，我們要為小葉紫檀家具做行銷推廣。

經過對小葉紫檀的了解，我們發現它生長極為緩慢，有「五年一年輪，八百年始成材」之說，硬度居木材之首。由於小葉紫檀數量少，在古代一直被皇室壟斷，故又稱為「帝王之木」。

現在市面上大部分紫檀家具都是用印度、緬甸等地年分較短的小葉紫檀製作的，幾萬塊錢就能買到；還有一小部分是名貴的小葉紫檀家具，比如明清時期流傳下來的，因歷史悠久又有收藏價值，所以價格極高，少則上百萬，多則上億也不無可能。這種名貴的收藏品，能買得起的非富即貴，他們擁有雄厚的財力，對生活品質要求很高。

以上就是我們透過分析小葉紫檀家具的受眾特徵，找到目標客戶群體的過程。

2. 消費者為什麼選擇我們的產品

對於這個疑問，想必所有文案人都能回答出個七、八成，但恰恰是剩下的兩、三成決定著文案的成敗。要想找到最關鍵的這兩、三成，我們應該從了解目標客戶著手。

打個比方，A 和 B 都賣冰箱，功能差不多，但是 B 的冰箱銷量卻遠高於 A，這是為什麼呢？原來，該區域的消費者非常在意冰箱是否省電，而 B 了解到這點後，在宣傳文案上特意突出了節能這一亮點，從而打敗了競爭對手。

所以，在宣傳推廣某種產品的時候，消費者在意的方面就是我們寫文案的著重點。了解不同消費者的需求，才能盡可能做到精準行銷。

3. 消費者可以幫助我們抓取爆點

有時候因為產品的特色和功效實在太多，我們反而搞不清楚產品的賣點是什麼了。這個時候，大家不妨去問下消費者，這是最直接也是最有效的方法。我們可以設計一份調查問卷，詢問消費者該產品吸引他們購買的點是什麼，然後列出消費者可以接受的價格區間、功能特色、顏色款式等，最後再加上建議一欄，因為有時候消費者的奇思妙想就是那個爆點。至於參與調查問卷的人數，我們可以選取某個區域人數的十分之一，這樣出來的結果會較為客觀。

深入了解消費者，從他們的角度進行撰寫，最終出來的文案就會讓消費者覺得「我就是想買這個」、「它的效能剛好是我最看重的」，銷售轉化率自然會隨之暴漲。

4. 消費者對產品會有哪方面的顧慮

打個比方，如今手機已經成為現代人工作和生活的必需品，消費者在購買的時候要考慮的因素很多，比如螢幕尺寸及解析度、記憶體大小、拍照功能等，所以，我們的文案也要圍繞消費者的這些顧慮點展開，深入到每個點，消除他們的顧慮，從而打動他們。

5. 目標客戶和精準客戶的區別

把握客戶的核心需求是占領市場的重中之重，也是決定產品銷量的關鍵因素。這就需要我們在每個環節都堅持「客戶中心論」，了解目標客戶是做好生意的基礎。明確目標客戶和精準客戶的區別，可以讓我們更有效地開展產品的行銷推廣工作。目標客戶就是產品擁有的潛在消費族群，這類人群對產品有購買需求，然而又不是一定要買；而精準客戶就是那些不僅有需求，並且百分之百會購買產品的人。如果我們的文案恰好能夠擊中精準客戶的痛點，那銷售轉化率必定節節上漲。

04 嚴謹＋創意＋減法＋情懷＝好文案

好文案要像美人一樣養眼！

究竟什麼才叫好文案？這就像評判一個人是否美麗一樣，清麗脫俗是美，天生麗質是美，略施粉黛是美，濃妝豔抹亦能表現美，這些美各具特色。作為文案人，我們要將自己所寫的文案打造成「百變女生」，讓它無論從哪個角度看，都能美不勝收！

好文案一般都符合這個標準：根據消費者所處的場景，用消費者能接受的方式把事情說清楚！

聽起來很簡單是不是？其實這是一門很深的學問，就好比有個人去問路，指路的人告訴他：「往北走 200 公尺，然後再向南走 300 公尺！」人們能聽懂，但可能會陷入更深的迷茫，因為如果不配備指南針，很多人分不清東南西北。一個差文案給人的感覺，就如同這個可能會讓人陷入迷茫的指路話語。如果換成另外一種說法：「往前走 200 公尺，然後左轉，再前行 300 公尺！」相信所有人都會豁然開朗。

寫一則好文案，通常有四個法則：

一、要嚴謹

嚴謹的邏輯思維是文案工作者必備的，可遵循「5W1H 分析法」。即從原因（何因 Why）、對象（何事 What）、地點（何地 Where）、時間（何時 When）、人員（何人 Who）、方法（何法 How）這六個方面提出問題進行思考。

比如，這款產品是什麼？誰會用這款產品？他們為什麼會用這款產品？他們會在什麼地方用這款產品？他們用了這款產品會怎麼樣？這是基本的邏輯，在寫文案的時候要嚴格遵循。

◎推開窗，你能看見未來！

這是某個房地產的廣告標題，表面上看沒什麼不妥，字裡行間描述一種美好且無可阻擋的未來，的確很符合買房者的心理。

但是，寫這則文案的人沉迷於文案本身，忘記了他們房地產的實際情況：站在這個房地產的任意一間房裡，推開窗戶，都能看到一座公墓山！寫文案者並沒有從實際出發考慮「客戶用了這款產品會怎麼樣」，所以寫出了一個比較奇葩的文案——推開窗，你就看到了死亡。

想要走入消費者內心，寫出能引起其共鳴的文案，寫作者必須設身處地站在消費者的立場上去思考。比如下面這個關於洗衣機的廣告標題：

◎「閒」妻良母！

這則標題含蓄而有趣，簡短卻傳達出大量資訊：用了我們的產品，你可以解放雙手，做一個清閒的賢惠女人。邏輯嚴謹，無懈可擊。

二、加創意

一句有創意的文案，不僅能夠快速讓消費者產生共鳴，還能讓人印象深刻。同樣一句話，換一種方式說出來，效果就會有天壤之別。

比如誇一個人漂亮，可以直接說：「你真漂亮。」被讚揚者一定會很高興，但這種讚揚帶來的高興情緒並不會持續很久，說不定三兩天後就會忘記，因為這種讚揚很廣泛，不夠具體。

如果換一種說法：「你很像香港女星關之琳，從內而外都散發著一種獨特的氣質！」這種讚揚轉了個彎，而且有明確的目標對照，所以更容易讓人記住。

以美國《時代》週刊（*TIME*）廣播廣告的文案為例：

A：對不起，先生，半夜三更您在這裡做什麼？

B：看到您太高興了，警官先生。

A：我問你在這裡做什麼！

B：我住得不遠，那邊，第四幢樓……門口正在修路。

A：先生，別廢話了，請回答我，你在這裡做什麼！

B：哎，別提了。我本來已經上床睡覺了，可是突然想起白天忘了買本《時代》看了。

A：你穿的這是什麼？

B：衣服，睡衣呀！哎喲，走的時候太慌張了。我老婆的睡衣。很可笑吧？

A：上車吧，我送你回去。

B：不行，沒有《時代》週刊，我睡不著覺，我要躺在床上看「電影評論」、「現代生活掠影」……

A：好了，好了！快點吧，先生！

B：我試著看過其他雜誌，都不合胃口。您知道《時代》週刊的發行量一直在上升嗎？

A：不知道，我知道罪案發生的情況。（汽車發動聲）

B：像我這樣的《時代》讀者多得很，比如溫斯頓·邱吉爾，你呢？快，快，不好了，快停車，你總不能看著我穿著我老婆的睡衣就把我送到警察局去吧？

A：你到家了！下車吧！（停車聲）

主持人：《時代》週刊，逸聞趣談。買一本，度過良宵。看一遍，安然入眠。

一段警察與深夜遊蕩者之間的對話，卻牽扯出一個雜誌的品牌，再加入有創意的劇情，效果是不是比單純介紹產品優點好得多？

我們再來看某飲料的文案：

A：喜歡春天嗎？

B：喜歡。

A：在春天郊遊呢？

B：喜歡。

A：郊遊時我向您推薦一種新飲料……。

多麼出其不意，看的人不由得會心一笑，卻並不反感。因為在連珠炮式的「喜歡」聲中，大部分人都沒能快速轉換思維，儘管手段深沉，但廣告和產品卻讓人記憶深刻。

三、做減法

寫文案應該像和朋友聊天一樣，允許自己有語病。先把所有的問題寫出來，然後再編輯、濃縮。這就好比不會煲湯的人，剛開始不懂得佐料如何放、放多少，會全部一起倒進鍋裡。

寫文案最開始也是這樣的，將你想說的全部寫出來，然後刪減、壓縮，去其糟粕，留其精華，最後「湯」會慢慢變濃，味道會很好。

比如雀巢咖啡的廣告：

◎味道極好了！

這句廣告語雖簡單但含義卻很深刻，讀起來朗朗上口，也明確表達了咖啡的好喝。

某印刷廠的廣告：

◎除了鈔票，承印一切。

相比那些在傳單上寫著印刷書籍、宣傳單、摺頁等五花八門印刷業務的公司，這家印刷廠的廣告簡直太「素顏」了，但是素得清爽、乾淨且大氣。

四、加情懷

18 世紀法國唯物主義哲學家、美學家、文學家德尼．狄德羅（Denis Diderot）曾說：「沒有感情這個特質，任何筆調都不可能打動人的心。」由此可見，在文案中加入情懷能讓其更入木三分。

比如高粱酒的廣告：

◎用子彈放倒敵人，用高粱酒放倒兄弟。

這則文案注入了男人之間的感情和義氣，和高粱酒的酒勁特性不謀而合。

某美食節目一經播出，就收服了一批美食愛好者，其解說詞更是被網友稱為媲美滿分作文的文案。我們再仔細深究一下，在這些文案背後，情懷有著非常重要的作用。該節目以「美食」為載體，用觸手可及的平淡生活引起我們的共鳴，讓我們在平凡中看見感動，在美食裡看到深情。

該美食節目每集大概 50 分鐘左右，作為解說詞，其字數相當多。可我們前面剛說了要為文案做減法，緊接著就舉了一個長文案的例子，這不是打臉嗎？其實，前面說的做減法，是為了避免囉唆，而不是說長文案就一定會顯得囉唆，相反，很多長文案能詳細描述產品的特性，具有短文案不能代替的講解作用。

文案無論長短，只要消費者能看懂，且願意為之買單，那它就是成功的。

05

好用的心智圖模板，隨時隨地都能寫

心智圖又叫心智導圖，是表達擴散性思維的有效圖形思維工具，可以充分運用左右腦的機能，利用記憶、閱讀、思維的規律，協助人們在科學與藝術、邏輯與想像之間平衡發展，從而開啟人類大腦的無限潛能。

心智圖不僅能提高我們的學習效率、提升我們的理解能力和記憶能力，還能幫助我們抓住關鍵詞，讓大腦對各關鍵詞作出合適的聯想，更能激發我們的想像力、靈感和創意，將各種零散瑣碎且不相干的知識融會貫通成為一個系統。

心智圖能夠清晰體現一個問題的多個方面，以及每一方面的不同表達形式。相關調查顯示，95%的人在使用心智圖後表示對梳理思路有很大幫助，認為它能整理雜亂的知識點並將其條理化。心智圖可以運用於生活、工作中的一切場合，它不僅僅是一種單純的工具，還是一種思考、解決問題的方式。心智圖提供的不是方法，而是方法論。因此，學會心智圖，就相當於掌握了解決一切問題的竅門。所以，心智圖也非常適用於文案創作。運用心智圖撰寫文案不僅能讓你變成一個善於思考的人，還能鍛鍊你的總結能力，讓你能夠迅速抓住關鍵點。

下面是一些撰寫文案大綱的心智圖模式，相當於通用模板，可以幫助你弄清楚消費者最關心的問題是什麼。

一、列舉歸納，激發靈感

誰在購買這個產品？這個產品提供了哪些讓消費者購買的理由？除了本身優勢以外，產品還能為消費者帶來哪些情感需求？……可以說，對於列舉的每個問題的深入剖析，都能找到一個文案的切入點。

以 NIKE 的鞋子為例，哪個群體會購買 NIKE 的鞋子？買 NIKE 鞋子的人是看重其品牌知名度還是鞋子的外觀、舒適度？消費者是否被「just do it」、「逆風而上，才練得出大心臟」、「給我們壓力，給我們質疑，我們一球一球回擊」、「無論寒風酷暑還是勁敵，我們什麼都敢去拼」這些品牌精神所打動？將這些問題「平移」到我們的產品上，就是我們寫文案的切入點。

二、深度調研，知己知彼

列出問題後，我們就要帶著問題和使用者進行深入溝通，了解他們對我們所提供的產品的認知，從眾多消費者的調查樣本中找出相似點或共同點，並不斷補充、調整和求證這些問題。值得注意的是，使用者畫像要注重多樣性，在年齡、職業、性別、消費習慣等多方面尋求多元化。

比如，要寫一篇手機推廣文案，那我們就要對不同的人群進行調查，然後分析各個人群對手機的需求都有哪些。另外，還要對市面上其他手機品牌進行分析，這可以幫助我們了解自己產品的優勢和劣勢分別是什麼。

三、分析梳理，得出結論

透過以上一系列工序，我們知道了消費者對於品牌理念、產品特性、價格政策等方面有什麼樣的認知、是否存在什麼誤解。對這些問題進行梳理後，我們可以歸納總結出關鍵問題，從而對症下藥，在文案撰寫時有意識地側重解決這些問題，修正消費者對產品的認知。

四、文案撰寫，「說服」和「打動」

已經明確了文案的側重點，接下來就進入正題 —— 撰寫文案。想讓消費者產生購買欲望，可以用「說服」和「打動」兩種方法：前者偏重於產品利益，輸出賣點；後者則偏重於感情連線，輸出共鳴。

在「說服」的方法上，同樣有心智圖，即尋找痛點、解決痛點、滿足需求、引導消費。舉個例子：

◎ 5 元現在還能做什麼？也許你可以來老徐英語培訓聽十次課。

因通貨膨脹，貨幣越來越不值錢了，物價飛漲，以前幾塊錢能買到的汽水現在得幾十塊錢。這個線上培訓課程就很好地抓住了消費者的痛點，並且提供了物有所值的產品服務。

至於「打動」的方法，更傾向於與消費者建立感情，讓他們對品牌產生好感，從而提升品牌影響力。比如中華電信推出的「只想讓你聽見思戀」系列廣告之「每一句話都是思戀」；碳酸飲料黑松沙士的「不放手，直到夢想到手」等。

當然，足夠優秀的文案也可以同時使用「說服」和「打動」兩種方法，不僅輸出賣點，還能贏得消費者的喜愛。例如某叫車服務平臺的這波洗版級模範文案：

◎感謝最愛：母子篇

如果每天總拚命，
至少車上靜一靜。
全力以赴的你，
今天坐好一點。

◎感謝自己：加班篇

如果人生如戰場，
至少車上躺一躺。
全力以赴的你，
今天坐好一點。

◎感謝自己：工作聚會篇

如果現實是場戲，
至少車上演自己。

全力以赴的你，
今天坐好一點。

該叫車服務平臺這波廣告的主題——「今天坐好一點」主打感情牌，走溫情路線。根據每位人物不同的背景、經歷和故事，配了一段專屬廣告詞，既擊中了消費者的痛點，又與其產生了情感層面的共鳴。

在這一點上，我們也可延伸出「如何引起消費者共鳴」的心智圖，只要三步。我們以手持美容儀為例。

1. 明確產品亮點

「美容不一定在美容院做，家裡也可以。」推翻消費者已有的認知，為他們提供新的、更方便的體驗方式。

2. 營造場景化的使用情景

「躺在家裡軟軟的沙發上，享受美容院級別的肌膚護理。」讓消費者聯想到自己是在熟悉的地方，悠閒地享受皮膚護理，給予消費者期待感。

3. 打造情感共鳴點

「有空了才去美容院？可是皮膚衰老等不了。」利用女性害怕衰老的心理，使其產生情感共鳴。

看，一段「基本款」共鳴文案完成了。

值得注意的是，共鳴需要在消費者已有的回憶、認知以及經歷中去尋找，而不是杜撰，不然就只能淪為「自娛」文案了。比如，某品牌的「五糧之巔，一統天下」文案，就顯得華而不實，因為沒有幾個人有一統天下的經歷，所以這個文案無法引起消費者的共鳴。而高粱酒「用子彈放倒敵人，用高粱酒放倒兄弟」的文案就值得讚揚，想必不少人有過想把兄弟灌醉放倒的念頭吧，這就成功地引起了消費者的共鳴。

　　但是，我們要明確一點，心智圖只是撰寫文案的一個工具，只能幫助我們快速有條理地理清撰寫脈絡，如果想要更多的創意，還需要我們不斷在實踐中深挖產品與文案之間的關聯。

06

零基礎文案入門，兩大法則必須學會

我認識很多文案策劃人員，他們中大多數人在這個領域工作 3 ～ 5 年後，就陸續轉到其他行業了。因為文案策劃是一個需要激情的工作，要永遠鬥志昂揚，前面沒有敵人要上，前面有敵人也要上，但是他們進入這個領域幾年後，就慢慢失去了熱情，也就很難寫出「走心」的文字，只能轉行。

編輯文案時要在腦海中把無數個想法一一進行驗證，這對於大多文案人來說是一個痛苦的過程，所以我們要隨時保持熱情。情緒，假不了。如果一個人不想寫，或者說不喜歡寫，那寫出來的文案也不會有人願意讀。

很多時候，編輯文案就像在演講，演講者要用自己的語言魅力、形體姿態吸引聽眾，文案人要用情緒來感染消費者，這個過程極其相似。所以說，編輯文案，一定要醞釀情緒，讓情緒帶動工作熱情，進而寫出漂亮的文案。

前面幾節已經詳細介紹了統籌規劃、蒐集材料、了解產品及目標客戶、撰寫文案大綱的方法，下面我們就來說一下編輯文案時要注意的事項：

一、寫作中途不要停筆，要一氣呵成

寫文案之前要花很多時間思考，記住，思考的時候不要動筆。當你想好內容，著手寫時就不必再考慮細節了。有的時候靈感就產生於一瞬間，轉瞬即逝，我們一定要抓住。在創作文案的時候，我們一定不要中途停筆，而要一氣呵成，然後再複查。如果中途停筆，將很難找到上次寫作時的靈感。

二、融會貫通，前後呼應

這是寫作的技巧，文案創作也同樣適用。首尾呼應可以使文案的前後關聯更為緊密，內容更完整。

在創作文案之前，有一點需要注意：一件商品如果不能引起消費者的關注和消費欲望，那這件商品就沒有繼續存在的價值，應該被市場淘汰掉。好比買房子，我們在買房之前會看很多房地產，最終決定購買的那一間房子，不一定是最貴的，也不一定是最便宜的，但一定是最喜歡的。商品存在的價值體現在消費者的購買欲望上，如果沒有激起消費者的購買欲，那這件商品就是失敗的，肯定會被殘酷的市場淘汰掉。我們為一件注定被淘汰的商品寫文案，不僅是浪費自己的時間，也是浪費客戶的金錢。

也許我們寫的某一個文案效果非常好，但要知道，這不僅僅是我們的功勞，還有商品本身的功勞！在網路時代，沒有一個消費者是傻瓜，只有商品引起消費者的興趣，他們才可能從錢包裡拿出錢來。我們的文案做得再好，也需要產品提供跟文案相匹配的價值，否則，即便文案把產品誇得天花亂墜，成功吸引消費者購買了，但是商品的價值完全匹配不上，也只能招來一陣罵，這樣的文案也不能算是好文案。

07

檢查再檢查，制定你的做「案」步驟

當一篇文案的初稿完成，我們接下來的工作就是複查——反反覆覆進行多次檢查，刪減不合格的部分，補上遺漏的部分。務求文案盡善盡美，這是每一位文案人的基本職業素養。很多成功文案在初稿完成後都會經歷嚴格的複查工作，最後才能變成朗朗上口的熱門文案。

也許每個文案人都有自己獨特的寫作流程，有些必不可少的步驟卻適用於所有人。下面我們再複習一下做「案」的關鍵步驟，加深記憶。

一、精確定位，找準位置

第一步是市場調查，統籌規劃和制定文案策略都是在市場調研的基礎上做出來的。在創作文案之前，我們需要了解產品的市場調查報告，並用一些關鍵字、關鍵詞進行簡要分析，做足準備工作。這些關鍵字要包含產品的特徵、用途、功能、潛在消費族群、購買轉化率五個方面。

二、資料整合，尋找一切你需要的材料

文案的原創性究竟重不重要？有人說「文章本天成，妙手偶得之」，仔細想想其實不然。別人的創意我們拿過來，對內

容重新定義，並發揚光大，亦不失為一種好辦法。在尋找資料的過程中，我們會發現一些好創意、好點子已經被用過很多次，但仍然可以繼續產生成功案例。因為產品有差異、消費族群有差異，所以同樣的創意可以多次使用。當然，前提是一定要規避侵權問題。

三、請仔細研究產品，做到事無鉅細

我們在創作文案前，必須足夠了解產品。對於產品的理解不同，做出的文案就會天差地別。

曾經有人說，好的文案人都是優秀的產品經理，我深以為然。很多人做了許久的文案工作，卻依然對這個職業很陌生。那是因為他們只是站在工作的角度寫文案，而沒有用產品思維寫文案。如果你的文案沒有對產品了解透徹，文案優劣暫且不說，連消費者提出的問題恐怕都回答不了。這樣的文案是有漏洞的，極容易被人鑽漏洞。

舉個例子，我們要推廣一款能治療牙齦出血的牙膏。那麼，我們不僅要了解這款牙膏的各種資訊，還要把牙齒的各種健康問題都了解透徹。比如為什麼牙齦容易出血？牙齦出血怎麼解決？相比於市場上的同類產品，我們這款產品的優勢和劣勢分別是什麼？這些都是我們需要掌握的。

然而，很多文案人在僅僅掌握了產品部分資訊的情況下，就開始下筆，這樣寫出來的文案連自己都感覺迷茫，又怎麼可能讓潛在消費者感興趣呢？

四、好文案會有一個讓觀眾記住的標題

標題是文案的臉面，這張「臉」不一定要長得好，但一定要長得有特點，讓人有興趣讀完整個文案。如果標題帶給人的第一印象是無趣，那麼很顯然，這樣的文案是無法引起消費者的閱讀興趣的，就更別提透過文案向消費者推銷商品了。

一個好標題，就可以引起讀者的興趣，雖然很多時候我們看過後會笑罵道：「標題黨！」

五、撰寫文案大綱

運用心智圖撰寫文案大綱的優勢在於，可以讓我們快速理清產品的賣點和特性，並形成合理的文案撰寫邏輯。運用心智圖能夠邏輯清晰地闡述事實，縮短初期整合資料的時間，提高工作效率。

用心智圖做出的文案大綱不同於枯燥的文字，看著更加生動、更有思想，並且這種思想存在於文案的每一個細節中，讓人一看就不自覺地被吸引。

六、用情緒來寫文案

很多時候，寫文案是個枯燥的工作，要想出一個創意很難。所以，我提倡用情緒來寫文案，這對於避免靈感枯竭很有用。

很多工作多年的文案人，會刻意避免說煽情的話，但是他們卻忘記了只有感情才能打動人心，才能走進消費者的心裡。為什麼有些初出茅廬的「菜鳥」第一次寫文案就可以收穫成功？就是因為他們在用自己的真情實感創作。也許這個文案會有許多問題和瑕疵，但這並不能阻止消費者對其的喜愛，這就是用情緒來創作的用意了。

還有一點很重要，在創作文案的時候，我們一定要站到消費者的立場上考慮問題，愁人之所愁，才能做出一份好文案。文案就是用文字的形式告訴消費者，我們的產品能為你解決問題。就好比我們餓了會想到吃飯、渴了會想到喝水一樣，當我們的文案也能讓消費者在遇到某些問題時一下子就想到我們的產品，那麼文案就是成功的。

透過學習本章節，相信很多朋友都了解了文案的撰寫步驟，但是我們要知道，每個人都有自己的行為習慣以及寫作習慣，通用的不一定是最合適的。所以，在創作文案的過程中，我們要慢慢找到適合自己的寫作流程，形成自己的寫作習慣，這才是最優選擇。

第五章

「轉化」才是商業世界真正不變的追求

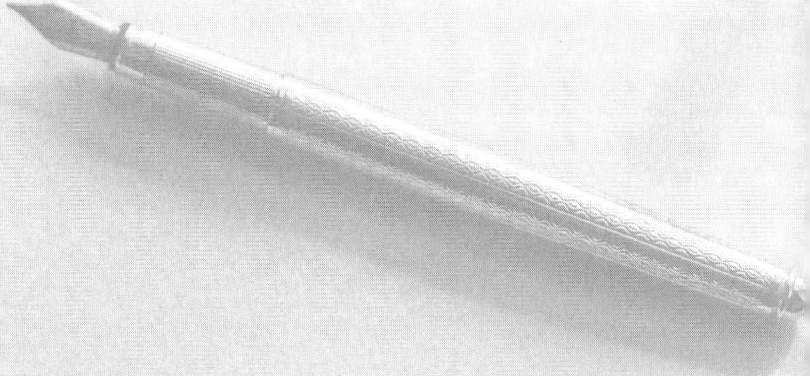

我們希望消費者說「這真是個好產品」，而不是說「這真是個好廣告」。

文案最終只有一個目的，那就是賣貨——讓別人購買你的產品。文案讓人「叫好」固然能使創作者臉上有光，但「轉化」才是商業世界真正不變的追求。

優質文案就猶如一臺萬能收割機，不僅能快速完美地「收割」消費者的購買欲，還能成功「收割」企業的利潤增長點。

01

溝通力 —— 實惠或新穎，摸透訴求才能刺激消費欲望

文案，就是利用文字和消費者進行溝通，透過文字打動消費者，讓他們跟著我們的思路走，最後自覺自願地掏錢購買產品。要想達到這一目的，文案就要緊扣消費者的訴求來寫。

人做任何事情都是出於一定的訴求，比如吃飯是為了填飽肚子、天冷穿厚衣服是為了禦寒，購買行為也一樣，一個產品只有勾起消費者的購買欲望，消費者才會為這件產品買單。

文案作為產品宣傳推廣中很重要的一個環節，可以用文字直觀地展現產品的賣點、服務和品牌理念，傳遞其情感和價值觀。當這些點中的某一個剛好擊中消費者的痛點時，就能成功勾起他們的購買欲望。

通常消費者都有哪些方面的訴求呢？由於消費族群的多樣性及消費場景的不可控性，消費者的訴求也是五花八門，但有些核心訴求卻是不變的。下面我們來說一下消費者的三大核心訴求：

一、「我看重的是功能」

這類消費者主要看重的是產品的實際價值，相對而言，產品的外觀、設計理念、附加值等對功能影響不大的因素，他們

不會太在意。

打個比方，消費者購買面膜，最關心的就是面膜的補水、美白功效，而面膜的包裝是否美觀，對他們而言只是附加值，並不會成為其是否購買的決定性因素。所以，寫這類產品的文案時，應該從產品的品質、功能、技術、安全性等方面進行闡述，突出實實在在的價值，讓消費者一眼就能看出這件產品物有所值。

需要注意的是，我們在寫產品賣點時，要切忌「老王賣瓜，自賣自誇」。比如說我們的產品擁有什麼什麼功能、採用的是什麼什麼先進技術，這樣的表述「口說無憑」，根本無法說服消費者。

為了更好地迎合這種追求實用性的消費者，我們可以藉助調查得來的資料、使用產品的真實場景等來贏得他們的信任。

1. 使用資料，增加功能優勢的真實性和可感知度

俗話說「事實勝於雄辯」，用真實的資料說話，不僅能讓消費者印象深刻，還可以增強他們對產品功效真實性的信任感。遣詞造句再華麗、購買理由說得再天花亂墜，沒有事實作為依據，就很難讓他們買帳。

想要消費者購買產品，就得保證他們能被我們的文案說服，而數字具備強大的說服力。比如「充電 5 分鐘，通話 2 小時」、「一晚低至 1 度電」、「2,000 萬柔光雙攝，照亮你的美」等

運用數字的文案，不僅可以增加產品功效的可感知度，還突出了產品「充電速度快」、「省電」、「拍照神器」等亮點，直觀地向消費者闡釋了產品的優勢和功能。

2. 營造實用場景，向消費者展示產品的優越效能

用文字描述出產品的真實使用場景，讓消費者一看到文案就可以根據自己的日常生活在腦海中形成一個清晰的畫面，對產品的功能形成具體的認知，從而產生購買欲。

全球著名體育運動品牌 NIKE 有個經典的廣告文案是這樣寫的：

◎你決定自己穿什麼

找出你的雙腳，穿上它們。跑跑看、跳一跳……用你喜歡的方式走路！你會發現，所有的空間都是你的領域，沒有任何事物能阻止你獨占藍天！意外嗎？你的雙腳竟能改變你的世界。沒錯，因為走路是你的事，怎麼走由你決定！當然，也由你決定自己穿什麼！

將走路這件稀鬆平常的小事上升到改變世界的高度，很符合年輕人正面進取、渴望證明自我的心情。而運動講究純粹，不需要五花八門的理由，只要一種心情和一套簡單的裝備。這個文案透過一個小小的場景將運動品牌的張力表現得淋漓盡致，自然能讓消費者產生購買的欲望。

二、「我就想便宜一點」

有些消費者的購買行為主要以產品的價格為導向，對他們而言，價格是決定他們是否購買的第一要素。如果一個人在網上購物時經常按照價格由低到高的順序進行搜尋，那麼這個人就屬於「我就想便宜一點」的消費族群。

這類消費者對價格比較敏感，會不惜花費大量時間和精力去對比同一產品的價格差異，然後選擇最便宜的那家。相對於價格來說，他們對產品品質、功效、外觀等因素不是那麼在乎，反而是促銷、打折等資訊對他們來說更有吸引力。

對於這類消費族群，文案撰寫人就要想方設法用各種形式去傳遞產品性價比高的資訊，告訴他們現在購買會得到更多的實惠。以下兩種方法供大家參考：

1. 開門見山說優惠

不要花裡胡哨的鋪陳和引子，既然消費者對價格比較敏感，那就讓優惠資訊更一目了然，在第一時間抓住他們的注意力，戳中他們的痛點。比如超市裡經常會出現這樣的促銷文案：買一贈一。簡單明瞭，直接告訴消費者可以享受半價的超級福利。

2. 透過對比，突出價格優勢

對比價格，既可以是產品現在的價格和過去的價格進行比較，也可以是同類產品之間價格的比較。因為提供了參照物，就更能突出產品的價格優勢。

比如，某洗衣粉廠家推出新品時的廣告文案如下：

◎增量 50%，加量不加價。

某鈣片推出新品時的廣告為：

◎一片頂過去五片

這兩則廣告語，雖然是在產品的量上進行的對比，卻同時將產品的價格優勢體現得淋漓盡致。同樣的價格，買到的產品更多，產品的功效也更好，對於追求價格實惠的消費者來說，自然有莫大的吸引力。

3. 把省下來的錢具象化

我們可以獨闢蹊徑，把省下來的錢用具體的事物表達出來，突出價格優勢。舉例說明：

◎平時買一件的錢，現在能買兩件

◎買 xx 手機可以多喝兩杯星巴克，和朋友邊玩手機邊喝咖啡

三、「要新穎、要時尚，我要做一個跟得上潮流的人」

現在很多年輕消費者屬於此類人群，他們只買時下最流行的產品，從手機到相機再到鞋子，他們追求的是產品的時尚

性、潮流性以及獨特性，而不會對價格和效能過多考慮。為了滿足這類消費人群的購買需求，文案撰寫人要利用他們的獵奇、求新心理，在文案中突出造類型緻、款式新穎、網紅同款、時下流行等元素，迎合他們的訴求點，從而激發他們的購買欲。

1. 展現流行元素

求新人群對於時尚動態、潮流理念總是特別敏感和在意，如果我們在文案中借用這些流行元素，就可以吸引他們，並促使他們為此而掏腰包。比如百事可樂的文案：

◎百事可樂，新一代的選擇！

它明確傳達了這樣的意思：如果你是新一代的年輕人，就應該喝百事可樂，這是當下年輕一族中流行的飲品。當然在包裝方面，百事可樂也做到了年輕化。

2. 彰顯自我個性

在追隨流行文化的同時，不少消費者還想保持自身的個性，以彰顯自己獨特的品味和獨到的眼光。那麼針對他們的產品文案就要迎合其追求與眾不同的訴求。比如美國蘋果公司於 2015 年釋出的新款智慧型手機 iPhone6S 的廣告文案——「唯一的不同，是處處都不同」，就很好地表現出了 iPhone6S 的與眾不同。與消費者的購買動機同頻震動，自然能激發他們的購買欲。

當然，消費者的訴求遠不止以上三種，還有追求高階的，比如喜歡買奢侈品；追求便利性的，比如想要簡化購買流程；追求興趣愛好的，比如喜歡收藏打火機等等。這些訴求都或多或少影響著消費者的購買欲望，只要圍繞產品受眾的訴求來寫，就能大大提高文案的轉化率。

02 吸引力 ——「吸睛」的文案，離不開這三點

優秀的文案絕對不是自娛，而是當你看到它第一眼時就會被打動，那些文案就像是會發光一樣，能一瞬間吸引你的注意力，讓你久久不能移開目光。所以，好文案一定是炫目的，讓你不關注都不行；好文案一定是多年後人們還會想起，並且一定要翻出來看一看、品一品，找個人說說的那種。它們從不同的角度帶給我們獨特的啟發和觸動，為我們留下了深刻的印象。比如：

◎世界上有一種專門拆散親子關係的怪物，叫做「長大」—— 奇美液晶電視

◎誰的一生相伴，不是一生相互為難 —— 某婚戒定製開創及領導品牌

◎沒有人能讓你放棄夢想，你自己想想就會放棄了 —— 日本 UCC 咖啡

◎有人驅逐我，就會有人歡迎我 —— 某網路電視平臺

◎除了這一生，我們又沒有別的時間 —— 某實境秀的 Slogan

◎偉大的反義詞不是失敗，而是不去拼 —— NIKE

以上這些被市場和消費者認可的文案，有的是洞察了親子

關係變化的原因，有的是迎合了時下流行的「喪文化」，還有的是別出心裁地傳播了正能量……文案就是產品的代言人，一則文案可以賦予產品獨特的氣質，正是這種氣質使得產品在琳瑯滿目的販賣品中獨樹一幟。

那麼如何讓文案閃閃發光，快速吸引消費者的注意呢？

一、利用消費者的感官營造體驗畫面

要知道，人類所有的實質性感受都是靠感官去感知的，我們用嘴巴品嘗味道、用鼻子識別氣味、用眼睛分辨顏色、用耳朵聆聽聲音、用身體感受觸感。在文案中描寫具體的感官感受，把產品轉化成具象的感受，把感受轉化成畫面感的場景，就能激發消費者的感官體驗，從而為其留下深刻印象。

比如要形容一種餅的層次豐富和口感酥脆，我們可以說「一口咬下 20 層，咔嚓咔嚓的清脆聲音瞬間從口腔傳到耳朵裡」，這種感官感受描寫得越具體越詳細，就越能讓消費者感同身受，也就越能激發消費者的購買欲。

二、為消費者提供一個無懈可擊的購買理由

某育兒 APP 的文案：

◎在 xx，做更好的媽媽！

某高階珠寶品牌的文案：

◎信者得愛，愛是唯一！

以上兩則文案都很直接地給予了消費者一個必須購買或使用的理由，比如育兒 APP 的那個文案，擊中了女性想要做好媽媽的心理需求。現代女性都希望能平衡家庭和事業之間的關係，而育兒是個頗費腦筋和精力的事，如果有一款 APP 能解決這一問題，當然會深得媽媽們的喜愛，所以這款 APP 的下載量很快超過了 10 萬。

而另一則關於珠寶品牌的文案，則擊中了人們對感情專一的訴求。在外遇、出軌等不良資訊充斥各大媒體時，人們對愛情的忠貞更加渴望。倘若有種東西能讓人們相信愛情，並將相守一生的承諾賦予其中，誰會拒絕購買呢？

三、從消費者趨吉避凶的心理著手

人們對未知的事物有著本能的恐懼，而恐懼心理又會促使人們去做某些事情，以減輕或對抗這種狀態。比如人們害怕衰老，會情不自禁購買許多抗衰老的護膚品；人們害怕生病和死亡，所以會購買各種保健品……。

倘若能將人們的這些心理運用到文案中，直戳痛點，定能喚起人們的危機意識和緊張心理，從而改變他們的態度或行為。

比如某眼霜的文案：

◎彈彈彈，彈走魚尾紋！

眾所周知，魚尾紋意味著衰老，這個文案正是利用女人害怕衰老的心理，突顯產品的功效，只用簡單的幾個字就告訴消費者，這款產品可以讓肌膚恢復彈性，讓魚尾紋消失。

再看下面這則禁菸廣告的文案：

◎你吸菸沒關係，但別拉著你的孩子陪葬！

在讓人戒菸的公益廣告中，如果只是讓當事人自己戒菸總顯得力度不夠，因為他已然明白吸菸的害處，但還是欲罷不能！如果將受害人變成當事人的孩子，人們的恐懼心理就會被激發，為了避免孩子因為自己受到傷害，吸菸人士就會有動力去戒菸。

在利用人們趨吉避凶的心理時也要避免危言聳聽，不可誇張地宣揚產品不具備的功能，而是要在產品具備的功能上深入開發，挖掘人們的潛在心理訴求，達到最終的行銷目的。

03

信服力 —— 簡單有效的賣貨文案信任佐證

奧格威曾經說過一段很經典的話：「消費者不是低能兒，她們是你的妻女。若是你以為一句簡單的口號和幾個枯燥的形容詞就能夠誘使她們買你的東西，那你就太低估她們的智商了。她們需要你為她們提供全部資訊。」這段話說明，消費者並非盲目地追隨廣告中的產品，取得他們的信任是產品行銷的關鍵。

對當今市場上形形色色的廣告文案，大多數人持不信任態度，認為廣告只是一種賺錢手段。他們在看到廣告文案時會有各式各樣的顧慮，比如這個產品真的有那麼好用嗎？這家的價格是不是最低的？……如果你的文案不能讓消費者信服，那他們就不願意把錢從自己的口袋裡拿出來。

要怎樣寫文案才能贏得消費者的信任呢？如果說我們運用的各種文案技巧是為了提供消費者感性的依據和情感的聯動，那麼在獲取他們的信任方面就需要我們提供客觀的事實與證據。常見的獲取消費者信任的方法有以下幾種：

一、用權威背書

我們一看到「權威」兩個字，就會產生信任感，認為這件產品是經過嚴格的檢查和認證的。所以，現在很多文案都會藉助權威背書這種方法來提升產品的可信度。

「權威」可以是某些領域的專業人士。某些人在某些行業舉足輕重，若能得到他們的認可，消費者就更容易產生信賴感。

某稻米品牌的 CEO 為了宣傳自己的稻米，請來了香港「食神」戴龍。據說「賭王」何鴻燊曾花 5,000 港幣只為吃戴龍做的炒飯，可見戴龍在廚藝界的地位之高，那麼他對食材的選擇也必然相當苛刻。就是這樣一位充滿傳奇色彩的「食神」，不僅讚嘆該品牌的稻米裡有真心，而且願意用該品牌的稻米重現江湖傳說中的「黯然銷魂飯」。正是「食神」的認可，讓該品牌的稻米在網路上上架後 6 個小時就賣掉了 60,000kg，真是俘獲了不少消費者的「芳心」。

「權威」還可以是權威媒體和機構，常見的有「×× 策略合作夥伴」、「×× 機構認證產品」等。利用這些媒體和機構在大眾心目中的地位為自己的品牌「鍍金」，產品就會更容易贏得消費者的信任。

二、明星、名人的加持

請明星或名人代言，是目前最普遍的一種贏得消費者信任的方式。

網路時代，「粉絲經濟」爆發，導致很多品牌方選擇代言人的標準是「誰紅就請誰」，只要經濟方面允許。不得不說，明星的影響力還是很大的，不少「粉絲」願意花錢支持他們的偶像，並且也相信自家偶像的眼光和品味。但有一點要注意，在請明星代言的時候要考慮自身產品的特質是否與所請明星的氣質相符，這樣可以達到事半功倍的效果。

三、借使用者之口增加信任

俗話說得好，「金盃銀盃不如百姓口碑，金獎銀獎不如百姓誇獎」。借消費者之口說出使用產品的感受，無疑可以增加其他消費者的信任感。這就好像我們在家找電影看時，會以電影平臺的評分和評價作為參考；還有我們買護膚品時，會詢問身邊朋友的意見或者看下網路上的使用者怎麼說。消費者的「證言」會對其他消費者產生莫大的影響力。

不過，在借用使用者的親身經歷、評價和回饋時，要注意說話的角度，不能把使用者推心置腹的「證言」寫成硬廣告。如果讓其他消費者覺得這些提供「證言」的使用者是被收買的，那就會適得其反了。

這類文案比較常見的表述方式是：「我以前有……的煩惱，可是自從使用了 ×× 產品，問題就解決了。」

我們來看一下奧格威為奧斯汀轎車撰寫的經典文案：

◎我用駕駛奧斯汀轎車省下的錢，送兒子到格羅頓學校唸書。

這個文案很好地傳遞出了奧斯汀轎車經濟實惠、油耗低的特點。不僅如此，奧格威還詳細列了一份如何省下這筆錢的清單。這個文案不僅大大提升了該汽車省油的可信度，而且和孩子的教育搭上了關係，又為品牌增加了好感度。

四、用熱賣賦予消費者安全感

《影響力》(Influence: The Psychology of Persuasion) 一書中提到過一個「社會認同原理」，即人在群體中的行為往往會受到他人影響，甚至會根據周圍人的反應作出相應的反應，這就是我們常說的「從眾心理」。

出於這個心理，大多數人都會「隨大流」，因為這樣「安全」。舉一個現實中的例子，如果我們看到某家奶茶店沒有進行任何打折促銷的活動，但門口卻排了很長的隊，我們就會認為這家的奶茶肯定好喝，以後也會光顧這家。既然如此，我們是否可以利用這個心理，在文案中列出產品的銷量、好評量等資訊，來製造熱賣氣氛，給予使用者安全感？答案當然是肯定的。比如：

◎全國銷量第一的精油品牌

◎全國人都在買的購物 APP

◎連續五年銷量翻倍

◎千萬媽媽信賴之選

這些文案無形中都傳遞出了產品很受歡迎、有很多人使用的感覺，所以，如果是大企業，就可以直接亮出銷售量或者使用者數；如果是小企業，則可以描述某次暢銷的現象來贏得消費者的信任。

五、直接測試贏取信任

有一家生產鋼化膜的公司，為了證明其鋼化膜強大的抗摔效能，不會輕易碎掉，於是拍攝了用錘子砸貼了鋼化膜手機的影片；還有一家做絲襪的廠家，為了說明自家絲襪品質很好，竟然把孩子裝進襪子裡搖晃。這兩個影片的播放量都相當可觀，同時他們的產品銷量也一下子翻了好幾倍。所以直接測試是一個非常好的方式，因為看過測試之後消費者會很放心。

如果我們的產品在某方面確實具有相當強大的優勢，那麼何不親身實驗一番，用試驗結果證明我們所言非虛呢？

六、其他方式

1. 展現品牌的悠久歷史

關鍵詞如老字號、十年老店等。某涼茶品牌就使用了這種方式：

◎創於清朝道光年間，已逾百年歷史

經過漫長的數百年歷史檢驗的產品，消費者的信任度怎麼會不高？

2. 做出承諾

這種方式只有一個原則，就是消費者在哪個點上猶豫了，就在哪個點上做出承諾，並且給出解決辦法。

3. 利用大牌廠家和管道

如果產品本身的名氣不夠，可以利用大牌廠家或管道為自己「鍍金」，取得消費者的信任。比如新品牌為了展現自身的實力，會在文案上表明自己入駐了許多大型商場或者是許多線上管道。

增加文案信任感的技巧和方法還有很多，比如證明產品首創、在市場上擁有領先地位、參加公益事件、有據可查、定義行業標準、擁有別家沒有的安全特性等，這些都可以贏得消費者的信任。

04

邏輯力 —— 總統演講稿，吸金業配文如何練成

如今，自媒體已經被推上了一個新高度，幾乎人人都是自媒體，處處都是點閱率超高的洗版文章，不少人對媒體傳播的屬性和特徵可以信手拈來侃侃而談。但到底有多少文案是有效的呢？到底有多少文案可以轉化為行銷賣點呢？到底有多少文案可以成為經典，長久留在消費者內心呢？在各類五花八門的文案層出不窮的情況下，很多文案慢慢喪失了基本素養 —— 邏輯。邏輯是文案具有說服力的保證，有效的邏輯才能支撐你的賣點。

一、消費者對產品的認知度決定銷售邏輯

每一個優秀文案的背後必定有相應的銷售邏輯，它幫助文案直上市場的檢驗，決定了文案在市場的存在能力和傳播能力。

文案撰寫人要懂得銷售話術，將文案變得更有戰鬥力，同時也要清楚，檢驗文案的最終人群是消費者，不同的消費者對產品的認知度不同，那麼支撐產品的邏輯就不同。

1. 針對新產品

如果品牌是初創的，產品是新出的，在市場上還默默無聞，那麼文案就要賦予消費者一個了解新產品、認同新產品的

動機。我們舉一個例子，某影片的廣告文案：

◎看了又看，再看，一直看

看了這句話，大部分人會想：讓人如此上癮的影片到底是什麼樣子的？這個文案背後的銷售邏輯就是引發消費者的好奇心和從眾心理。在新產品推廣時，文案一定要給予消費者一個了解產品、接觸產品的理由，否則不管文案寫得如何天花亂墜，也不能讓消費者為產品停留。

2. 針對一般產品

如果消費者對你的產品已經有了一定了解，這時文案撰寫人就要突出產品的特點功效，強化其在消費者心中的印象。舉個例子，現在有一種醬，它的口感特點是「鮮、香、嫩、彈」，為了強化消費者對產品的印象，我們不妨尋找一些參照物來形象化表達這個賣點。比如「彈」解釋為「Q 彈」，那我們就可以用「Q」這個字母來表示彈的形象，從而讓人想像出醬吃在嘴裡的感覺。此外，我們還可以用數字、場景等方式來描寫賣點，讓消費者對產品有更具象、更深刻的認知。

3. 針對品牌產品

因為大眾對品牌產品都有了普遍的認知，所以這類產品的文案通常不會帶品牌名，而會採用一些比較有文采的句子。因為人家已經足夠有名、足夠優秀，產品的賣點早就告訴大眾了。比如全新 BMW5 系的文案：

◎夢想之路，大美之悅

為了保持品牌形象和長久的影響力，成熟品牌的文案會更多地表現出一種情懷、宣揚一種能量、傳達一種理念。但是，這種方式的文案在品牌還未做到人人皆知時要慎用，因為容易讓消費者雲裡霧裡，不明白產品到底有什麼優勢。

二、商業業配文的有效邏輯

可以這麼說，總統的演講稿是世界上最好的業配文，據說其背後有一個專業的撰稿團隊，如巴拉克．歐巴馬（Barack Obama）的撰稿團隊竟多達 35 人。他們的撰稿流程對於文案寫作人來說是不可多得的學習資料。

首先，他們會分析演講稿的聽眾，將聽眾進行分類，並把每一類別的聽眾最想聽什麼話題、最想解決什麼問題一一列舉出來，並標明解決方法。

其次，他們會根據演講關聯度、演講時間等因素，對這些要點進行排序和取捨，分出輕重緩急，劃出核心問題和非核心問題。

再次，他們會針對已經確定好的話題分工擬寫，提煉一些金句以供後期宣傳。

最後，他們會根據總統本人的語氣、語速以及說話風格、形體等特點，對演講稿進行精修。

其實，業配文也可以按照以上四個步驟進行邏輯梳理。如果覺得總統的演講稿離我們太遙遠，還可以採用費比法則來訓練自己的邏輯能力。這個方法前文詳細介紹過，這裡就不再贅述。

05

共鳴力 —— 超市，如何建構場景打動消費者

好的文案一定會讓消費者產生這樣的感覺：「這說的不就是我嗎？」、「哇，原來大家都有這樣的感覺！」、「這句話簡直戳到心裡了」……能讓消費者產生這麼強烈共鳴的文案一定是掌握了使用者心理。

引發共鳴可以透過很多撰寫手法來達到，但能讓消費者身臨其境觸景生情的方式則是營造場景。比如，在朱自清的〈背影〉一文中，兒子看到父親為了為他買幾個橘子艱難地攀爬上月臺，這就是一個場景，能讓我們在讀的過程中體會到父愛的偉大以及作者心中的酸楚。

所謂場景，就是生活中真實存在的、在自己身邊或身上發生的事情。場景化的文案就是透過描述這些常見的畫面，吸引消費者的目光，並讓消費者產生共鳴，有身臨其境的感覺。

◎踩慣了紅地毯，會夢見石板路 —— 某房地產

◎遙控器裡的電池還沒換，我卻換了 3 個陪我看電視的人 —— 電池品牌

這兩句文案都描述了我們日常生活中常見的場景，讓人一看就會在腦海中聯想到與自己有關的對應場景，非常有親和力。

場景式的文案，因為切切實實從消費者的角度去思考問題，將他們在現實生活中會遇到的真實問題進行了場景化的表達，所以一下子就戳中了消費者的痛點。

那麼，如何為自己的文案設計一個合適的場景呢？

第一，先梳理出產品可支持的場景，盡可能多地提供備用場景。

第二，梳理競品的對應消費場景，並加以分析，盡量做到揚長避短，切勿拿自己的短攻別人的長。

第三，確定產品的獨有場景，強化形成產品的品牌。

比如，某超市在週年慶推出的一組海報文案，就很好地詮釋了場景化表達的重要性：

◎老司機帶帶我，我要去停車啊！果然超市還是在網路上逛最好！

這則文案的海報配圖是：一個年輕人開著車，在車位已滿的停車場氣得兩眼冒火。

◎一切美好的事物都值得等待嗎？果然超市還是網路上逛最好！

這則文案的海報配圖是：收銀臺前排著長長的隊伍，隊尾的年輕人等得黑眼圈都出來了。

……

該超市作為一個線上超市，它的目標群體是誰？是那些喜歡享受網路便利的年輕人！

如果我們早上去實體超市，會發現購物的大多數是年紀大的長輩們。作為「上班族」，很多年輕人沒有時間去實體超市購物，即便週末有時間，也只想躺著玩手機，而不是去實體超市採購一大堆柴米油鹽。他們更願意在網上超市採購，讓人送貨上門，享受網路為生活帶來的便利！

找到目標人群，接下來就要分析他們的購買場景了。

年輕人都怕麻煩，若是去大型超市，勢必面臨停車的問題，遇到人多車位緊張，還沒開始買東西心裡就煩躁不安了；還有收銀臺那裡長長的結帳隊伍，每次都得排好長時間才能輪到自己……而網路超市就省去了這些麻煩，不用到處找停車位，更不用在結帳時排長隊。

所以，該超市的這些場景文案應運而生，且獨具特色。不喜歡費神停車的人，可以躺在床上就買到心儀的商品；結帳時不用再排隊，用手機付款，產品直接送到家。

我們每天生活在大大小小的場景中，諸如上班、下班、走路、吃飯、聊天、睡覺等。如果文案撰寫人能夠找到觸發大眾情感的切入點，勾勒好相關場景，就能很好地引導消費者購買產品。

06

說服力 —— 需求讀心術，幫你打造攻心好文案

身為一名文案人，大家應該都聽過馬斯洛需求層次理論，該理論將人類需求像階梯一樣從低到高分為五種，分別是：生理需求、安全需求、社交需求、尊重需求和自我實現需求。這個理論可以幫助我們更好地將使用者需求和產品功能對應起來，使文案更有針對性。

一、生理需求

生理需求，指的是人類最基本的維持生存和發展的需求，比如對吃、喝、性等方面的需求。生理需求在人類所有需求中占主導地位，如果這一需求得不到滿足的話，人類的生存就會出現問題，就更不要說去追求其他方面了，所以生理需求可以喚醒人的購買欲望。比如麥當勞、肯德基的廣告，除了邀請當紅的流量明星作為代言人之外，還會在廣告片上著重表現肉塊撞擊或者醬汁亂濺的畫面，這些都是為了勾起人們的食慾，從而達到行銷的目的。

二、安全需求

安全需求，包括生命和財產的安全不受侵害，身體健康、生活安穩有保障等。人類對於身體健康、一生平安的欲望有時

候不見得比生理需求少，因為只有在安全的情況下，人類才可以進行其他活動。我們來看一下富豪汽車在母親節時推出的文案：

◎親手繪製一張卡片，感恩她漫漫歲月中為你長出的白髮。對媽媽來說，你的每一次安全歸家是她最大的心願。富豪汽車用心讀懂母親，秉承極致安全的承諾，為每一次愛的歸家護航。

這則文案將富豪汽車安全效能好的屬性與媽媽最大的願望是希望孩子平安完美結合，直戳人心。

三、社交需求

社交需求主要分為兩個方面：一方面是對愛情、友情的需求，人類是社會性的群居動物，希望愛別人也渴望別人愛自己，希望保持和朋友之間的真誠友誼；另一方面是對歸屬感的需求，即個體歸屬於某個群體的需求。

社交需求相較於生理需求而言更加細膩、深刻，它和一個人的經歷、所受教育、價值觀以及宗教信仰等有很大的關係。

滿足這類需求的廣告文案也叫做社交溝通文案。比如某音樂平臺的優質 UGC 樂評，就屬於社交溝通文案。即使我們和寫樂評的人素未謀面，但是透過這些文字依然能被深深觸動。

四、尊重需求

每個人都想得到別人的尊重，都希望得到大眾的承認。尊重又分為內部尊重和外部尊重兩個方面：內部尊重是指人希望在生活中的各種場景裡有實力、有信心，也就是自尊；外部尊重就是希望自己有權勢、有威信，在某一領域具有一定的話語權，從而得到別人的尊重、愛戴、信任和高度評價。

「贏得尊重」類的文案，可以讓消費者的尊重需求得到滿足，能使人對自己充滿信心，對社會滿腔熱情。大部分車子、房子、奢侈品的文案就屬於「贏得尊重」式廣告，它們能讓人產生買了它、用了它就會特別有面子的感覺。

五、自我實現需求

自我實現需求是馬斯洛需求層次理論中最高層次的需求，是指一個人想把自己的能力發揮到最大限度，實現自己的理想抱負、完成夢想的需求。同樣地，實現這種最高層次的需求可以讓人獲得最大程度的快樂。打個比方，廣告畫面中有一個人開著豪車來到一個高峰上，俯視著腳下的城市，隨便一個電話就可以運籌帷幄、決勝千里。我們會想，如果自己也能成為這樣的人該有多好，這就是自我實現需求的體現。

電子書購買　　爽讀 APP

國家圖書館出版品預行編目資料

從詞窮到一字千金，爆款文案這樣寫！找準定位 × 製造懸念 × 優化標題……從零開始，寫出讓品牌瘋傳、業績爆增的銷售話術 / 陳凡 著 . -- 第一版 . -- 臺北市：沐燁文化事業有限公司 , 2025.03
面；　公分
POD 版
ISBN 978-626-7628-68-3(平裝)
1.CST: 廣告文案 2.CST: 廣告寫作 3.CST: 行銷策略
497.5　　114001874

從詞窮到一字千金，爆款文案這樣寫！找準定位 × 製造懸念 × 優化標題……從零開始，寫出讓品牌瘋傳、業績爆增的銷售話術

臉書

作　　者：陳凡
責任編輯：高惠娟
發 行 人：黃振庭
出 版 者：沐燁文化事業有限公司
發 行 者：崧燁文化事業有限公司
E-mail：sonbookservice@gmail.com
粉 絲 頁：https://www.facebook.com/sonbookss/
網　　址：https://sonbook.net/
地　　址：台北市中正區重慶南路一段 61 號 8 樓
8F., No.61, Sec. 1, Chongqing S. Rd., Zhongzheng Dist., Taipei City 100, Taiwan
電　　話：(02) 2370-3310　　傳　　真：(02) 2388-1990
印　　刷：京峯數位服務有限公司
律師顧問：廣華律師事務所 張珮琦律師

定　　價：299 元
發行日期：2025 年 03 月第一版
◎本書以 POD 印製
Design Assets from Freepik.com